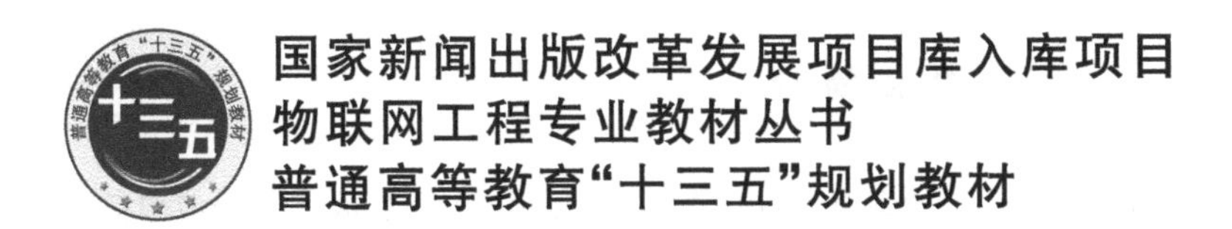

国家新闻出版改革发展项目库入库项目
物联网工程专业教材丛书
普通高等教育“十三五”规划教材

传感器原理及应用

颜 鑫 张 霞 编著

北京邮电大学出版社
www.buptpress.com

内容简介

本书以面向物联网应用的传感器为对象，详细介绍各类传感器的基本原理及应用技术，重点内容包括物联网中传感器的基本概念、功能与地位，传感器的理论及技术基础，物理量传感器，化学量传感器，生物量传感器，微机电（MEMS）传感器技术，集成传感器及传感器在物联网中的应用等。本书可作为物联网、电子信息、微电子、自动化等相关专业的教材或参考用书。

图书在版编目(CIP)数据

传感器原理及应用 / 颜鑫，张霞编著. -- 北京：北京邮电大学出版社，2020.1(2024.12 重印)
ISBN 978-7-5635-5938-1

Ⅰ. ①传… Ⅱ. ①颜… ②张… Ⅲ. ①传感器 Ⅳ. ①TP212

中国版本图书馆 CIP 数据核字（2019）第 272919 号

书　　名：传感器原理及应用
作　　者：颜　鑫　张　霞
责任编辑：徐振华　王小莹
出版发行：北京邮电大学出版社
社　　址：北京市海淀区西土城路 10 号(100876)
发 行 部：电话：010-62282185　传真：010-62283578
E-mail：publish@bupt.edu.cn
经　　销：各地新华书店
印　　刷：保定市中画美凯印刷有限公司
开　　本：787 mm×1 092 mm　1/16
印　　张：11.5
字　　数：270 千字
版　　次：2020 年 1 月第 1 版　2024 年 12 月第 3 次印刷

ISBN 978-7-5635-5938-1　　定价：35.00 元

·如有印装质量问题，请与北京邮电大学出版社发行部联系·

物联网工程专业教材丛书

顾 问 委 员 会

邓中亮　李书芳　黄　辉　程晋格　曾庆生　任立刚　方　娟

编 委 会

总 主 编：张锦南
副总主编：袁学光

编　　委：颜　鑫　左　勇　卢向群　许　可
　　　　　张　博　张锦南　袁学光　张　霞

总 策 划：姚　顺
秘 书 长：刘纳新

前　　言

物联网是继计算机、互联网与移动通信网络之后信息科技领域的又一革命，近年来取得了突飞猛进的发展。物联网利用无线传感器、无线射频技术、智能网络技术等进行网络框架的构建，并在此基础上对物体进行管理和追踪。物联网的应用范围十分广泛，覆盖运输和物流、工业制造、健康医疗、智能环境（家庭、办公、工厂）等领域，市场前景十分广阔。目前物联网已经被正式列为国家五大新兴战略性产业之一，受到了产业界和学术界的广泛关注。

传感器技术是近年来迅猛发展的高新技术之一，与通信技术、计算机技术共同构成当代信息产业的三大支柱。作为物联网的神经末梢，传感器承担着信息采集与转换的重要功能，是物联网最底层、最核心的技术。因此，传感器技术在一定程度上决定了物联网的发展水平，掌握好传感器的原理与技术对于新型高性能传感器的设计开发和物联网的构建具有十分重要的意义。

本书较为全面地介绍了物联网中常用传感器的工作原理、关键技术与工程应用。

第 1 章为绪论。本章首先介绍了物联网与传感器的关系，引入传感器的概念，并详细描述了传感器的组成及其分类；然后结合实际分析了传感器的功能与地位，进一步介绍了目前传感器的发展现状，在此基础上设想了其未来的发展趋势。

第 2 章为传感器的理论基础。本章主要介绍了光电效应，磁电效应，压电、压阻效应，表面效应和界面效应等基础理论，描绘了传感器的静态特性和动态特性，这部分内容与大学物理、化学、信号与系统等知识有紧密的关系，是后续章节的基础。考虑到本书的性质，本章仅介绍基础概念和原理，未涉及过多的理论推导。

第 3 章为物理量传感器。物理量是度量物理属性或描述物体运动状态及其变化过程的量，物理量传感器是能感受规定的物理量并将其转换成可用输出信号的传感器。由于物理量传感器的被测参量繁多，采用的原理和技术多样，本章重点介绍了力学、热学、磁学、光学、声学等几类典型的传感器。

第 4 章为化学量传感器。本章介绍了化学量传感器的构成与分类，并重点阐述了常用的气体传感器和湿度传感器，以及它们的性能指标和在生活中的应用。对于气体传感器，本章重点介绍了半导体气体传感器的分类、传感机制及应用；对于湿度传感器，本章主要介绍了传感器的性能指标。本章在最后介绍了离子传感器，主要包括离子选择电极离子传感器和场效应管离子传感器，这类传感器制作工艺较为成熟、开始实用化的时间较早，应用面逐渐增加。

第 5 章为生物量传感器。本章主要介绍了生物量传感器的原理和特点，同时用表格列出了各种分子识别元件和换能器，后续内容包括酶传感器、微生物传感器、细胞传感器、免疫传感器和组织传感器，并且介绍了上述传感器的结构、原理以及各自的特点，列出了一些生物传感器的主要应用，这些应用涵盖了工业、科学研究、环境监测、食品安全等。

第 6 章为微机电(MEMS)传感器技术。本章首先介绍了 MEMS 的定义和特点，着重分析了 MEMS 传感器为何能在物联网时代大放异彩，并且对 MEMS 的常用材料、设计和制造工艺进行了简要介绍；然后对 MEMS 传感器进行了产品分类，从类别、工作原理、结构和性能指标等方面详细介绍了 MEMS 压力传感器、MEMS 加速度计、MEMS 陀螺仪等几种常用的 MEMS 传感器；最后通过实例介绍了 MEMS 传感器在煤场物联网系统中的应用情况。

第 7 章为集成传感器。本章在物理量传感器和化学量传感器的基础上，从结构、工作原理以及应用等方面介绍了几种典型集成传感器，包括集成温度传感器 DS18B20、集成压力传感器 MLX9080×、集成光电开关 ULN-3330 等。

第 8 章为传感器在物联网中的应用。本章对传感器在物联网中的应用进行分析和研究，并通过两个具体实例来展现传感器如何在物联网中发挥作用。第一个实例是基于物联网的激光传感器在智能家居中的应用，第二个实例是基于无线传感器网络的精准农业环境监测系统，以使读者能够充分了解传感器在物联网中扮演的重要角色。

本书既可作为高等院校和职业院校物联网、电子信息、微电子、自动化等相关专业学生的教材或辅导用书，也可作为科研人员和工程技术人员参考资料。在本书编写过程中，张欣瑶、张成、张泽宇、刘浩然、杨媛等同学付出了大量努力，作者在此一并致谢。

由于作者的水平有限，本书难免有错误或不当之处，敬请广大读者批评指正。

作　者
于北京

目　　录

第1章　绪　　论

1.1　物联网与传感器

物联网把物理实体的相关信息通过一些特殊的采集方式，转变成可供现有网络传输共享的数据，最后利用计算机网络实现对其的管理与控制。物联网公认的三个层次是感知层、网络层、应用层，其中感知层是物联网的数据和物理实体基础。只有感知层的技术达到了要求，整个物联网才能正常运行。在感知层中，传感器技术最为关键，传感器是物联网中获得环境动态变化信息的唯一途径，依靠传感器可准确、可靠、实时地采集信息并进行转化处理与传输，为物联网应用系统提供可供分析处理和应用的实时数据。

物联网是与应用密切相关的，从应用需求来看，物联网主要面向的是公共管理、行业、个人（大众）市场三大应用领域。不同的需求领域对应用传感器的要求既有共性，也有特殊性。当所需使用的传感器数量很多时，一般都要求其价格低廉，使用和维护成本低，性价比高；当使用环境恶劣时，要求传感器的可靠性高，抗干扰能力强；当电能、通信带宽等资源有限时，则突出节能要求，并且要求传感器本地信息处理能力强，从而使得传送的数据量小。面向不同的具体应用领域或者不同的应用需求，即使对于相同原理的传感器，对其功能和性能（如线性度、响应速度、稳定性、灵敏度和精确度等指标）的要求也往往不同。例如，在工业自动化领域，一般会侧重于对传感器的响应速度和准确性的要求，以及要求传感器可靠性高或者互换性好；在某些公共管理和个人市场，则对节能和低成本有突出要求。对传感器功能或性能要求的不同往往会导致对转换原理的选择限制或偏好以及对供电方式、输出接口方式的不同要求。有时，需要侧重考虑的性能指标还可能具有相互抵触性。整体而言，物联网对传感器最普遍性的要求除了性价比高、尺寸小、功耗低外，从提高性能和方便使用考虑，还需要具有便于实现网络化测量的接口，同时采用智能化方式。

物联网与传感器

与一般无线传感器网络节点的传感器相比，在更多的应用场合中，物联网的传感器对测量准确性的侧重会突出一些。因为无线传感器网络往往可以借助多节点的共同观测来提高或保证监测的准确性和可靠性，而需要透彻感知目标的物联网对测量准确性的要求程度相对高，以及因控制成本对所用传感器数量的限制，决定了物联网传感器在更多情况下必须满足较高的测量精度与可靠性要求。

1.2 传感器的基本概念

1.2.1 传感器的概念

根据我国国家标准（GB/T 7665—2005《传感器通用术语》），传感器（Transducer/Sensor）的定义如下："能感受被测量信息并将其按照一定的规律转换成可用输出信号的器件或装置，通常由敏感元件和转换元件组成。"传感器曾被称为换能器或变送器（Transducer），近年国际上多用"Sensor"一词。

传感器的定义包含了以下含义。

① 传感器是测量装置，能完成检测任务；

② 它的输入量是某一被测量，可能是物理量，也可能是化学量、生物量等；

③ 它的输出量是某种物理量，这种量要便于传输、转换、处理和显示等，可以是气、光、电等量，目前主要是电物理量；

④ 输出量与输入量有确定的对应关系，且应具有一定的精确度。

最广义地来说，传感器是获得信息的装置，能够在感受外界信息后，按一定的规律把物理量、化学量或者生物量等转变成便于利用的信号，转换后的信息便于测量和控制。国际电工委员会（International Electrotechnical Committee，IEC）对传感器的定义："传感器是测量系统中的一种前置部件，它将输入变量转换成可供测量的信号。"传感器是传感器系统的一个组成部分，它是被测量信号输入的第一道关口。传感器系统则是组合了某种信息处理（模拟或数字）能力的传感器。

1.2.2 传感器的组成

传感器一般由敏感元件（Sensing Element）、转换元件（Transducing Element）、基本转换电路三部分组成，如图 1.1 所示。敏感元件指的是传感器中直接感受或响应被测量的部分，是输出与被测量成确定关系的某一物理量的元件。转换元件指的是传感器中能将敏感元件感受或相应的被测量转换成适于传输或测量的电信号部分，其输入就是敏感元件的输出。将上述电路参数接入基本转换电路(简称转换电路)，便可转换成电量输出。传感器只完成被测参数至电量的基本转换，电量输入测控电路，进行放大、运算、处理等进一步转换，以获得被测值或进行过程控制。

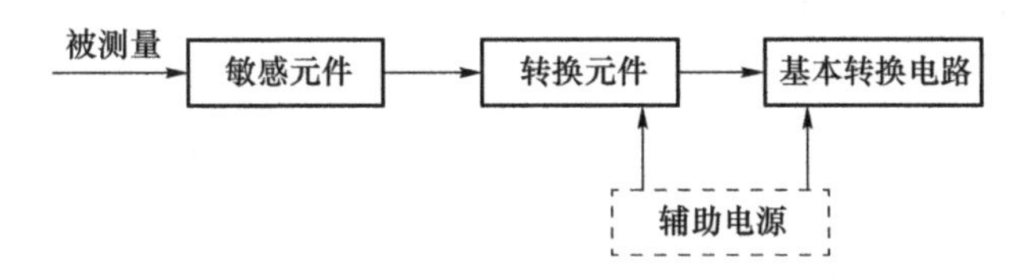

图 1.1　传感器的组成

实际上，有些传感器很简单，有些则较复杂。最简单的传感器由一个敏感元件(兼转换元件)组成，它感受被测量时直接输出电量，如热电偶传感器等。有些传感器由敏感元件和转换元件组成，因转换元件的输出已是电量，故无须转换电路，如压电式加速度传感器等。有些传感器的转换元件不止一个，被测量要经过若干次转换。

敏感元件与转换元件在结构上常是安装在一起的，为了减小外界的影响，转换电路也希望和它们安装在一起，不过由于空间的限制或者其他原因，转换电路常装入电箱中。不少传感器要在通过转换电路后才能输出电信号，从而决定了转换电路是传感器的组成部分之一。

随着集成电路制造技术的发展，现在已经能把一些处理电路和传感器集成在一起，构成集成传感器。进一步的发展是将传感器和微处理器相结合，将它们装在一个检测器中，形成一种新型的“智能传感器”。它将具有一定的信号调理、信号分析、误差校证、环境适应等能力，甚至具有一定的辨认、识别、判断的功能。这种集成化、智能化的发展无疑对现代工业技术的发展将发挥重要的作用。

传感器除了需要敏感元件和转换元件两部分，还需要转换电路的原因是进入传感器的信号幅度是很小的，而且混杂有干扰信号和噪声，需要相应的转换电路将其变换为易于传输、转换、处理和显示的物理量形式。另外，除一些能量转换型传感器外，大多数传感器还需外加辅助电源，以提供必要的能量，有内部供电和外部供电两种形式。为了方便随后的处理过程，要将信号整形成具有最佳特性的波形，有时还需要将信号线性化，该工作由放大器、滤波器以及其他一些模拟电路完成。在某些情况下，这些电路的一部分是和传感器部件直接相邻的。成形后的信号随后转换成数字信号，并输入微处理器。

同时，传感器承担将某个对象或过程的特定特性转换成数量的工作。其

“对象”可以是固体、液体或气体，而它们的状态可以是静态的，也可以是动态(即过程)的。对象特性被转换量化后可以通过多种方式检测。对象的特性可以是物理性质，也可以是化学性质。按照传感器的工作原理，传感器将对象特性或状态参数转换成可测定的电学量，然后将此电信号分离出来，送入传感器系统加以评测或标示。

1.2.3 传感器的分类

一般来说，测量同一种被测参数可以采用的传感器有多种。反过来，同一个传感器也可以用来测量多种被测参数。而基于同一种传感器原理或同一类技术可制作多种被测量的传感器，因此传感器产品多种多样。传感器的分类方法有很多种，例如，可按照转换原理、被测量、输出信号类型、用途、制作材料及工艺等不同方式对传感器进行分类。

(1) 按传感器的工作原理分类

按传感器的工作原理可将传感器分为物理量传感器、化学量传感器、生物量传感器、MEMS 传感器和集成传感器五大类。

物理量传感器应用的是物理效应，如压电、磁致伸缩、离化、极化、热电、光电、磁电等效应。被测信号量的微小变化都将转换成电信号。可以将传感器分为电阻式传感器(被测对象的变化引起了电阻的变化)、电感式传感器(被测对象的变化引起了电感的变化)、电容式传感器(被测对象的变化引起了电容的变化)、应变电阻式传感器(被测对象的变化引起了敏感元件的应变，从而引起电阻的变化)、压电式传感器(被测对象的变化引起了电荷的变化)、热电式传感器(被测对象温度的变化引起了输出电压的变化)等。

化学量传感器包括那些以化学吸附、电化学反应等现象为因果关系的传感器，被测信号量的微小变化将转换成电信号。将各种化学物质的特性(如气体、离子、电解质浓度、空气湿度等)的变化定性或定量地转换成电信号，如离子敏传感器、气敏传感器、湿敏传感器和电化学传感器。

大多数传感器是以物理原理为基础运作的。化学量传感器技术问题较多，如可靠性问题、规模生产的可能性问题、价格问题等，解决了这类难题，化学量传感器的应用将会有巨大增长。而有些传感器既不能划分到物理类，也不能划分为化学类，即为生物类。

常见传感器的品种和工作原理列于表 1.1。

表1.1　传感器的品种及工作原理

传感器品种	工作原理	可被测定的非电学量
敏力电阻半导体传感器、热敏电阻半导体传感器	阻值变化	力、重量、压力、加速度、温度、湿度、气体
电容传感器	电容量变化	力、重量、压力、加速度、液面、湿度
感应传感器	电感量变化	力、重量、压力、加速度、转矩、磁场
霍尔传感器	霍尔效应	角度、力、磁场
压电传感器、超声波传感器	压电效应	压力、加速度、距离
热电传感器	热电效应	烟雾、明火、热分布
光电传感器	光电效应	辐射、角度、位移、转矩

(2) 按检测过程中对外界能源的需要与否分类

传感器系统的性能主要取决于传感器，传感器把某种形式的能量转换成另一种形式的能量。依据检测过程中是否需要外界能源，传感器可分为有源传感器和无源传感器。

有源传感器也称为能量转换型传感器或换能器，能将一种能量形式直接转变成另一种，不需要外接的能源或激励源〔见图1.2(a)〕，如超声波换能器、热电偶、光电池等。

与有源传感器相反，无源传感器不能直接转换能量形式，但它能控制从另一输入端输入的能量或激励能〔见图1.2(b)〕，故其也称为能量控制型传感器。大部分传感器(如湿敏电容传感器、热敏电阻传感器等)都属于这类。由于需要为敏感元件提供激励源，无源传感器通常比有源传感器有更多的引线，传感器的总体灵敏度受到激励信号幅度的影响。此外，激励源的存在可能增加在易燃易爆气体环境中引起爆炸的风险，在某些特殊场合应用的话需要引起足够的重视。

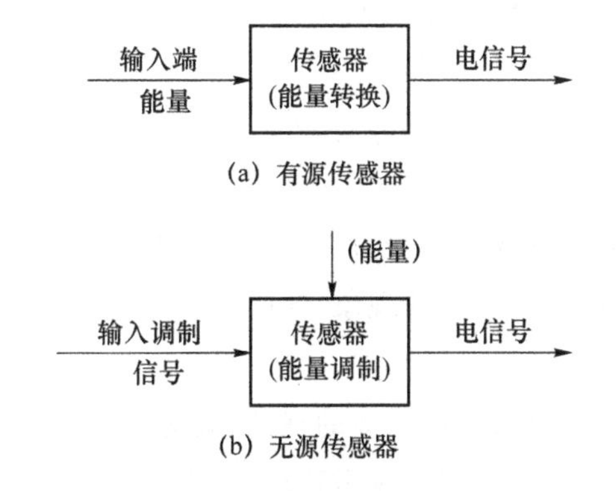

图1.2　传感器的信号流程

(3) 按传感器输出信号的类型分类

按照传感器输出信号的类型,传感器可分为模拟式与数字式两类。

① 模拟式传感器

模拟传感器——将被测量的非电学量转换成模拟电信号,其输出信号中的信息一般以信号的幅度表达。

② 数字式传感器

数字传感器——将被测量的非电学量转换成数字输出信号(包括直接和间接转换)。数字传感器不仅重复性好,可靠性高,而且不需要模数转换器(ADC),比模拟信号更容易传输。由于敏感机理、研发历史等多方面的原因,目前真正的数字传感器种类非常少,许多所谓的数字传感器实际只是输出为频率或占空比的准数字传感器。

准数字传感器——将被测量的信号量转换成频率信号或短周期信号输出(包括直接或间接转换)。准数字传感器输出为矩阵波信号,其频率或占空比随被测参量变化而变化。由于这类信号可以直接输入微处理器内,利用微处理器的计数器即可获得相应的测量值,因此准数字传感器与数字集成电路具有很好的兼容性。

开关传感器——当一个被测量的信号达到某个特定的阈值时,传感器相应地输出一个设定的低电平或高电平信号。

(4) 按材料分类

在外界因素的作用下,所有材料都会做出相应的、具有特征性的反应。它们中那些对外界作用最敏感的材料(即那些具有功能特性的材料)被用来制作传感器的敏感元件。从所应用的材料观点出发,可将传感器分成下列几类。

- 按照其所用材料的类别,传感器可分为金属传感器、聚合物传感器、陶瓷传感器和混合物传感器;
- 按材料的物理性质,传感器可分为导体传感器、绝缘体传感器、半导体传感器和磁性材料传感器;
- 按材料的晶体结构可分为单晶材料传感器、多晶材料传感器和非晶材料传感器。

与采用新材料紧密相关的传感器开发工作可以归纳为下面三个方向。

- 在已知的材料中探索新的现象、效应和反应,然后使它们能在传感器技术中得到实际使用;
- 探索新的材料,应用那些已知的现象、效应和反应来改进传感器技术;
- 在研究新型材料的基础上探索新现象、新效应和反应,并在传感器技术中加以具体实施。现代传感器制造业的进展取决于用于传感器的新材料和敏感元件的开发进度。传感器开发的基本趋势是和半导体以及介质材料的应用密切关联的。

(5) 按传感器制造工艺分类

不同的传感器制造工艺不尽相同,按照制造工艺,可将传感器分类为MEMS集成传感器、薄膜传感器、厚膜传感器和陶瓷传感器等。

MEMS集成传感器是用标准的生产硅基半导体集成电路的工艺技术制造的,通常还将用于初步处理被测信号的部分电路都集成在同一芯片上。

薄膜传感器是由沉积在介质衬底(基板)上相应敏感材料的薄膜形成的。使用混合工艺时,同样可将部分电路制造在此基板上。

厚膜传感器是利用相应材料的浆料涂覆在陶瓷基片上制成的,基片通常是由 Al_2O_3 制成的,需要进行热处理,使厚膜成形。

陶瓷传感器采用标准的陶瓷工艺或其某种变种工艺(溶胶-凝胶等)生产。

厚膜传感器和陶瓷传感器这两种工艺之间有许多共同特性,在某些方面,可以认为厚膜工艺是陶瓷工艺的一种变形。每种工艺技术都有优点和缺点。由于研究、开发和生产所需的资本不同等原因,可以根据实际情况选择不同类型的传感器。本书所罗列的只是一部分传感器的类型,随着我国工业化程度的提高,又出现了许多新型的传感器,在此本书不做更深的探讨。

1.3 传感器的功能与地位

人们为了从外界获取信息,必须借助于人类特有的感官系统。在研究自然现象和规律以及生产活动中,单靠人们自身的感觉器官的功能就远远不够了。为适应这种情况,就需要传感器。因此可以说,传感器是人类五官的重新定义。

常将传感器的功能与人类五大感觉器官相比拟。

光敏传感器——视觉;

声敏传感器——听觉;

气敏传感器——嗅觉;

化学量传感器——味觉;

压敏、温敏、流体传感器——触觉。

与当代的传感器相比,人类的感觉能力好得多,但也有一些传感器比人的感觉功能强,例如,人类没有能力感知紫外线或红外线辐射,感觉不到电磁场、无色无味的气体等。各种物理效应和工作机理被用于制作不同功能的传感器。传感器可以直接接触被测量对象,也可以不接触。传感器的工作机制和效应类型不断增加,其包含的处理过程日益完善。

对传感器设定了许多技术要求,有一些是对所有类型传感器都适用的,也有一些是只对特定类型传感器适用的特殊要求。针对传感器的工作原理和结构，在不同场合对传感器均需要的基本要求是：灵敏度高、抗干扰的稳定性好（对噪声不敏感）、容易调节（校准简易）、精度高、可靠性高、无迟滞性、工作寿命长（耐用性）、可重复性好、抗老化、响应速率高、抗环境影响（热、振动、酸、碱、空气、水、尘埃）的能力强、安全性好（传感器应是无污染的）、成本低、测量范围宽、尺寸小、质量小和强度高、工作温度范围宽等。

现今世界开始进入信息时代。在利用信息的过程中，要解决的就是要获取准确可靠的信息，而传感器是获取自然和生产领域中信息的主要途径与手段。在现代工业生产尤其是自动化生产过程中，要用各种传感器来监视和控制生产过程中的各个参数，使设备工作在正常状态或最佳状态，并使产品达到最好的质量。因此可以说，没有众多的优良的传感器，现代化生产就失去了基础。

传感器早已渗透到工业生产、宇宙开发、海洋探测、环境保护、资源调查、医学诊断、文物保护等极其广泛的领域中。由此可见，传感器技术在发展经济、推动社会进步方面的重要作用是十分明显的。世界各国都十分重视这一领域的发展。相信在不久的将来，传感器技术将会出现一个飞跃的发展，达到与其重要地位相称的新水平。

1.4 传感器的发展现状与趋势

传感器的发展现状与趋势

传感器作为人类认识和感知世界的一种工具，其发展历史相当久远，可以说是伴随着人类文明进程而发展起来的。传感器技术的发展程度影响、决定着人类认识世界的程度与能力。改善传感器的性能，可采用的技术途径有差动技术，平均技术，补偿与修正技术，屏蔽、隔离与干扰抑制技术，稳定性处理技术等。传感器技术的主要发展动向：一是开展基础研究，重点研究传感器的新材料和新工艺；二是实现传感器的智能化。传感器技术是一项与现代技术密切相关的尖端技术，近年来发展很快，其主要特点及发展趋势表现在以下几个方面。

(1) 发现并利用新现象、新效应。

利用物理现象、化学反应和生物效应是各种传感器工作的基本原理，所以发现新现象与新效应是发展传感器技术的重要工作，例如，利用某些材料的化学反应可制成的能识别气体的“电子鼻”；利用超导技术研制成功了高温超导磁传感器等。

(2) 向高精度、一体化、小型化的方向发展。

工业自动化程度越高，对机械制造精度和装配精度的要求就越高，相应地对测量精度的要求也就越高。因此，当今在传感器制造上很重视发展微机械加工技术。微机械加工技术除全面继承氧化、光刻、扩散、沉积等微电子技术外，还发展了平面电子工艺技术、各向异性腐蚀技术、固相键合工艺和机械分断技术。

(3) 发展智能型传感器。

利用计算机及微处理技术使传感器智能化是 20 世纪 80 年代以来传感器技术的飞跃。智能型传感器是一种带有微处理器并兼有检测和信息处理功能的传感器。智能型传感器被称为第四代传感器,使传感器具备感觉、辨别、判断、自诊断等功能是传感器的发展方向。

习　　题

1.1　综述你所理解的传感器概念。

1.2　一个可供使用的传感器由哪几部分构成?各部分的功用是什么?试用框图标示出你所理解的传感器系统。

1.3　结合传感器技术在未来社会中的地位、作用及发展方向,综述你的见解。

第2章　传感器的理论及技术基础

2.1　传感器的基础效应

从原理上讲，传感器都是以物理、化学及生物的各种规律或效应为基础的，因此了解传感器所基于的各种效应，对学习、研究和使用各种传感器是非常必要的。本节将介绍一些传感器的主要基础效应。另外，本书的其他章节在介绍具体传感器的同时，还将对某些效应及利用这些效应做成的传感器展开详细的讨论。

2.1.1　光电效应

光电效应

光照射到物质上，引起物质的电性质发生变化，这类光变致电的现象被人们统称为光电效应(Photoelectric Effect)。光电效应分为光电子发射效应、光电导效应和阻挡层光电效应(又称光生伏特效应)。前一种现象发生在物体表面，称为外光电效应(External Photoelectric Effect)；后两种现象发生在物体内部，称为内光电效应。

1. 外光电效应

在光照射下，物质内部的电子受到光子的作用，吸收光子能量而从表面释放出来的现象称为外光电效应(如图 2.1 所示)。被释放的电子称为光电子，所以外光电效应又称为电子发射效应。外光电效应是由德国物理学家赫兹于 1887 年发现的，而对它正确的解释由爱因斯坦提出。基于外光电效应制作的光电器件有光电管、光电倍增管等。

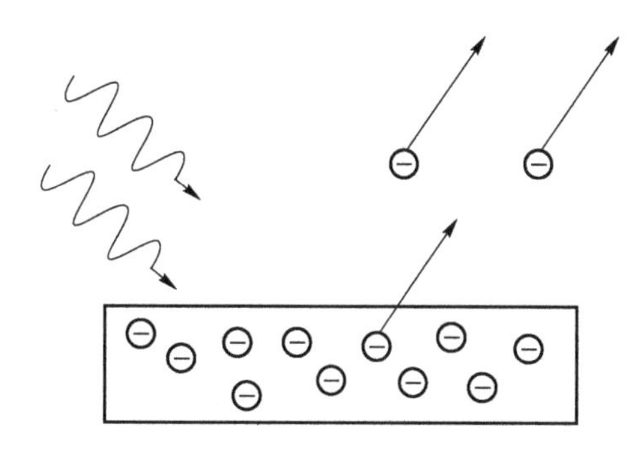

图 2.1　外光电效应

光子具有能量，每个光子的能量可表示为

$$E = h\nu \tag{2.1}$$

其中，h 为普朗克常数，$h=6.626\times10^{-34}$ J·s；ν 为光的频率，单位为 Hz(s^{-1})。

根据爱因斯坦光电效应理论，一个电子只接受一个光子的能量，因此，要使一个电子从物体表面逸出，必须使光子的能量大于该物体的表面逸出功，超过部分的能量表现为逸出电子的动能。外光电效应多发生于金属和金属氧化物，从光开始照射至金属释放电子所需时间不超过 10^{-9} s。根据能量守恒定律可得

$$h\nu = \frac{1}{2}m_e v^2 + \varphi \tag{2.2}$$

其中，m_e 为电子质量，$m_e=9.1095\times10^{-31}$ kg；v 为电子逸出速度，单位为 $m\cdot s^{-1}$；φ 为逸出功，单位为 J。

光电子能否产生，取决于光电子的能量是否大于该物体的表面电子逸出功 φ。不同的物质具有不同的逸出功，即每一个物体都有一个对应的光频阈值，称为红限频率 $\nu_0=\varphi/h$。

光线频率低于红限频率时，光子能量不足以使物体内的电子逸出，因而小于红限频率的入射光，即使光强再大，也不会产生光电子发射；反之，入射光频率高于红限频率，即使光线微弱，也会有光电子射出。当入射光的频谱成分不变时，产生的光电流与光强成正比，即光强越大，入射光子数目越多，逸出的电子数也就越多。

2. 内光电效应

当光照射在物体上，使物体的电阻率 ρ 发生变化或产生光生电动势的现象称作内光电效应，它多发生于半导体内。根据工作原理的不同，内光电效应分为光电导效应和光生伏特效应两类。

(1) 光电导效应

在光线作用下，电子吸收光子能量从键合状态过渡到自由状态，而引起材料电导率的变化，这种现象被称为光电导效应。基于这种效应的光电器件有光

敏电阻。

过程：当光照射到半导体材料上时，价带中的电子受到能量大于或等于禁带宽度的光子轰击，使其由价带越过禁带，跃入导带（如图 2.2 所示），并使材料中导带内的电子和价带内的空穴浓度增加，从而使材料电导率变大。

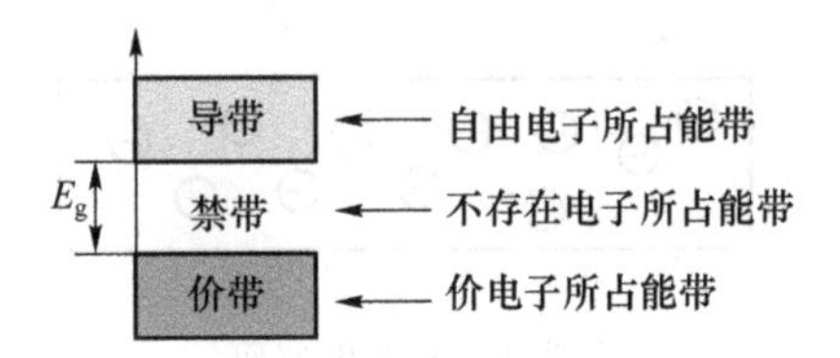

图 2.2　电子能带图

为了实现能级的跃迁，入射光的能量必须大于光电导材料的禁带宽度。

(2) 光生伏特效应

在光线作用下能够使物体产生一定方向电动势的现象称作光生伏特效应。基于该效应的光电器件有光电池、光敏二极管、三极管。光生伏特效应根据其产生电势的机理可分为四种：结光电效应（也称为势垒效应）、横向光电效应（也称为侧向光电效应）、光磁电效应（Photo Magneto-Electric Effect，PME Effect）和贝克勒耳效应（Becquerel Effect）。

① 结光电效应

如图 2.3 所示，由半导体材料形成的 PN 结在 P 区的一侧，价带中有较多的空穴，而在 N 区的一侧，导带中有较多的电子。由于扩散的结果，使 P 区带负电、N 区带正电，它们积累在结附近，形成 PN 结的自建场，自建场阻止电子和空穴的继续扩散，最终达到动态平衡，在结区形成阻止电子和空穴继续扩散的势垒。

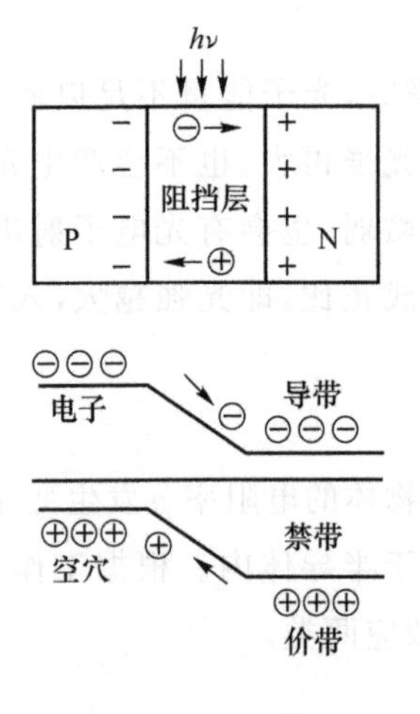

图 2.3　PN 结

在入射光照射下，当光子能量 $h\nu$ 大于光电导材料的禁带宽度 E_g 时，就会在材料中激发出光生电子-空穴对，破坏结的平衡状态。在结区的光生电子和空穴以及新扩散进结区的电子和空穴在结电场的作用下，电子向 N 区移动，空穴向 P 区移动，从而形成光生电流。这些可移动的电子和空穴称为材料中的少数载流子。在探测器处于开路的情况下，少数载流子积累在 PN 结附近，降低势垒高度，产生一个与平衡结内自建场相反的光生电场，也就是光生电动势。

② 横向光电效应

当半导体光电器件受的光照不均匀时，光照部分吸收入射光子的能量，产生电子-空穴对，光照部分载流子浓度比未受光照部分的载流子浓度大，导致出现了载流子浓度梯度，因而载流子要扩散。如果电子迁移率比空穴大，那么空穴的扩散不明显，则电子向未被光照部分扩散，造成光照射的部分带正电，未被光照射的部分带负电，光照部分与未被光照部分产生光电动势，这种现象称为横向光电效应，也称为侧向光电效应。基于该效应的光电器件有半导体光电位置敏感器件(PSD)。

③ 光磁电效应

半导体受强光照射并在光照垂直方向外加磁场时，垂直于光和磁场的半导体两端面之间产生电势的现象称为光电磁效应，可视之为光扩散电流的霍尔效应。利用光磁电效应可制成半导体红外探测器，这类半导体材料有锗(Ge)、锑化铟(InSb)、砷化铟(InAs)、硫化铅(PbS)、硫化镉(CdS)等。

④ 贝克勒耳效应

贝克勒耳效应是液体中的光生伏特效应。当光照射浸在电解液中的两个相同电极中的任意一个电极时，在两个电极间产生电势的现象称为贝克勒耳效应。感光电池的工作原理基于此效应。

2.1.2　磁电效应

磁电效应(Magnetoelectric Effect)包括电流磁效应和狭义的磁电效应。电流磁效应是指磁场对通有电流的物体引起的电效应，如磁阻效应(Magnetoresistive Effect)和霍尔效应；狭义的磁电效应是指物体由电场作用产生的磁化效应(称作电致磁电效应)或由磁场作用产生的电极化效应(称作磁致磁电效应)。

1. 霍尔效应

霍尔效应

对于置于磁场中的载流导体，当它的电流方向与磁场方向不一致时，载流导体上的平行电流和磁场方向上的两个面之间产生电动势，这种现象称为霍尔效应(如图 2.4 所示)。

导体板两侧形成的电势差 U_H 称为霍尔电压。产生霍尔效应的原因是形成电流的、做定向运动的带电粒子，即载流子(N 型半导体中的载流子是带负电荷的电子，P 型半导体中的载流子是带正电荷的空穴）在磁场中受到洛伦兹力 $F=ev\times B$ 作用。

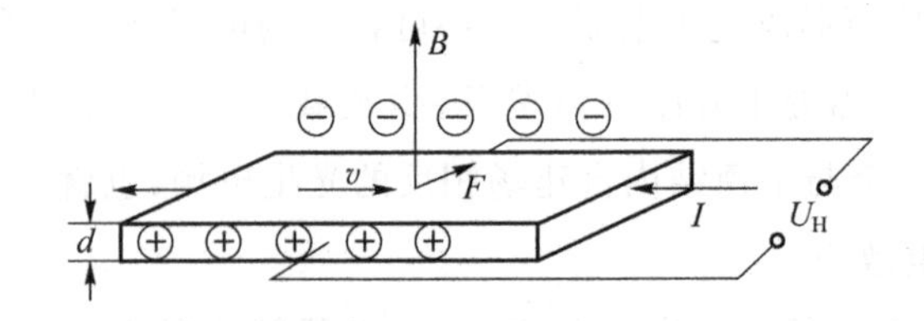

图 2.4　霍尔效应

霍尔电势可以表示为

$$U_{H} = \frac{R_{H}IB}{d}\cos\theta \tag{2.3}$$

其中，I 表示通过导体的电流强度，B 表示磁场的磁感应强度，R_H 为霍尔系数。

霍尔系数 R_H 为

$$R_{H} = \rho\mu \tag{2.4}$$

其中，ρ——载流子的电阻率，μ——载流子的迁移率。d 越小，R_H 越大，则感生电动势越大，故一般霍尔元件是由霍尔系数很大的 N 型半导体材料制作的薄片，厚度为微米级。霍尔元件示意图如图 2.5 所示。

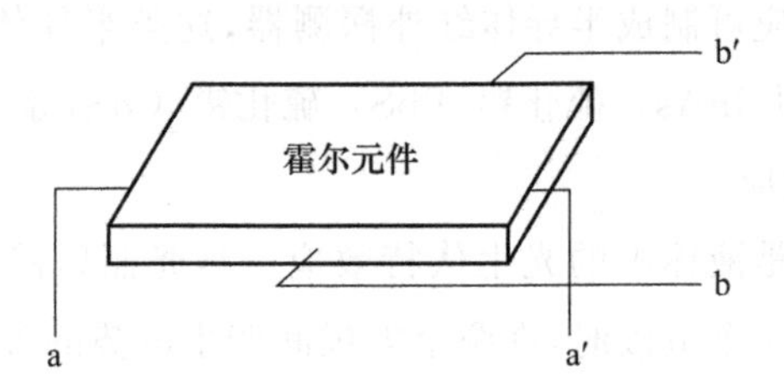

a、a′—激励电极、控制电极；b、b′—霍尔电极

图 2.5　霍尔元件示意图

根据霍尔效应，半导体材料可以构成各种霍尔传感器。例如，当控制电流时，可以测量交直流磁感应强度和磁场强度；当控制电流、电压的比例关系时，可测量功率；当固定磁场强度大小及方向时，可以测量交直流电流和电压。利用这一原理还可以一步精确测量力、位移、压差、角度、振动、转速、加速度等各种参量。

2. 磁阻效应

1857 年英国物理学家汤姆森发现，当通以电流的半导体或金属薄片置于与电流垂直或平行的外磁场中时，其电阻会随外加磁场变化而变化，这种现象称之为磁阻效应。在磁场作用下，半导体片内电流分布是不均匀的，改变磁场的强弱会影响电流密度的分布，故表现为半导体片的电阻变化。

$$\frac{\Delta\rho}{\rho_{0}} = K\mu^{2}B^{2}\left[1-f\left(\frac{L}{b}\right)\right] \tag{2.5}$$

其中，ρ_0——零磁场时的电阻率；$\Delta\rho$——磁感应强度为 B 时电阻率的变化量；K——比例因子；μ——电子迁移率；B——磁感应强度；L——磁敏电阻的长；b——磁敏电阻的宽；$f(L/b)$——形状效应系数。

同霍尔效应一样，磁阻效应也是由于载流子在磁场中受到洛伦兹力而产生的。与霍尔效应有区别，霍尔电势是指垂直于电流方向的横向电压，而磁阻效应是指沿电流方向的电阻变化。

磁阻效应与材料的性质及几何形状有关，一般电子迁移率越大的材料，磁阻效应越显著，而元件的长宽比越小，磁阻效应越大，如图 2.6 所示。

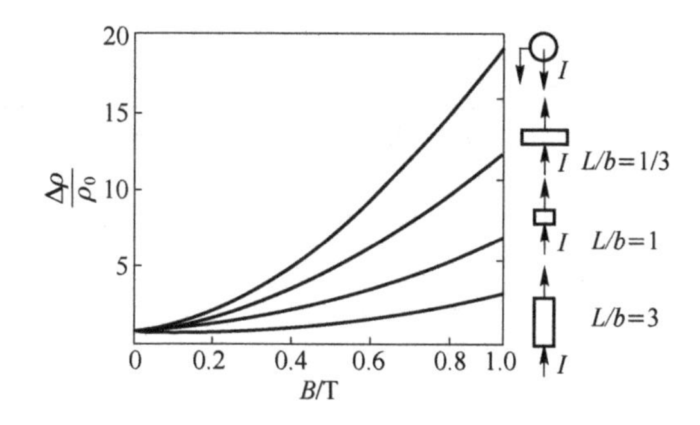

图 2.6　磁阻效应

目前，从一般磁阻开始，磁阻发展经历了巨磁阻(GMR)、庞磁阻(CMR)、穿隧磁(TMR)、直冲磁阻(BMR)和异常磁阻(EMR)。磁阻器件由于灵敏度高、抗干扰能力强等优点广泛用于磁传感、磁力计、电子罗盘、位置和角度传感器、车辆探测、GPS 导航、仪器仪表磁存储(磁卡、硬盘)等领域。

2.1.3　压电效应和压阻效应

当沿着一定方向对某些电介质施力而使它变形时，其内部会产生极化现象(内部正负电荷向中心相对位移)，同时在它的两个表面上会产生符号相反的电荷，当外力去掉后，其重新恢复到不带电状态，这种现象称压电效应。当作用力方向改变时，电荷的极性也随之改变，这种机械能转为电能的现象称为正压电效应。

当在电介质极化方向施加电场时，这些电介质也会产生变形，这种现象称为逆压电效应(电致伸缩效应)，可将电能转换为机械能。具有压电效应的材料称为压电材料，压电材料能实现机-电能量的相互转换。

压电材料可以因机械变形产生电场，也可以因电场作用产生机械变形，这种固有的机-电耦合效应使得压电材料在工程中得到了广泛的应用。例如，压电材料已被用来制作智能结构，此类结构除具有自承载能力外，还具有自诊断性、自适应性和自修复性等功能，在未来的飞行器设计中占有重要的地位。

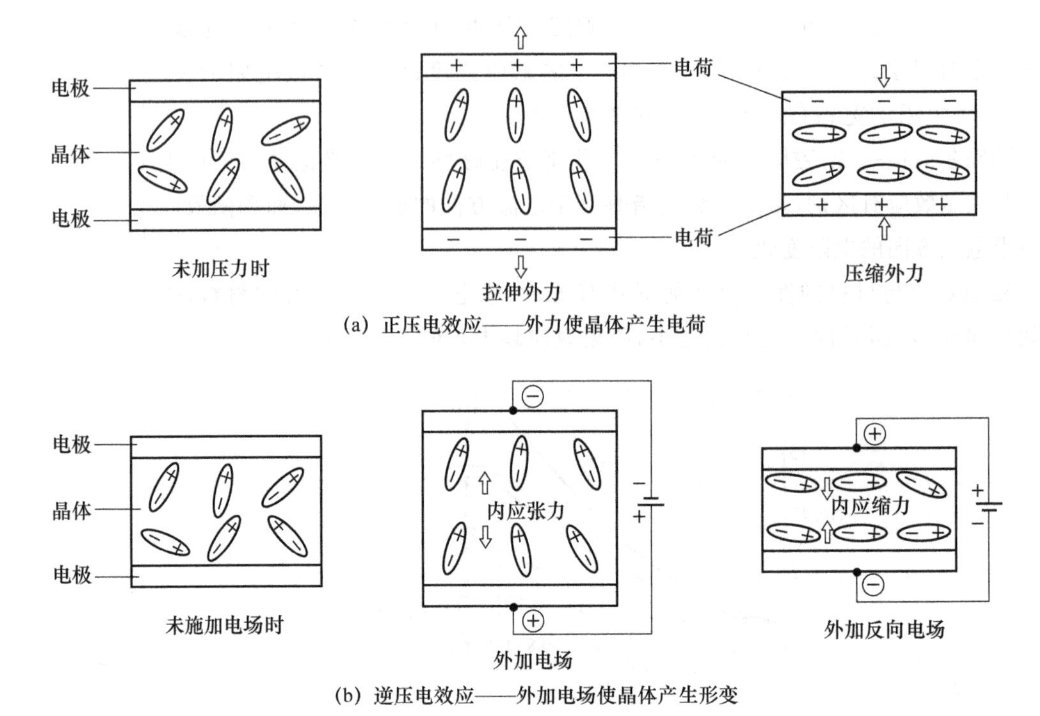

图 2.7 压电效应

半导体材料在受到外力或应力作用时，其电阻率发生变化的现象称为压阻效应。

压阻效应被用来制作成各种压力、应力、应变、速度、加速度传感器，可把力学量转换成电信号。

2.1.4 表面效应和界面效应

纳米材料的表面效应(Surface Effect)是指纳米粒子的表面原子数与总原子数之比随粒径的变小而急剧增大后所引起的性质上的变化。球形颗粒的表面积与直径的平方成正比，其体积与直径的立方成正比，故其比表面积(表面积/体积)与直径成反比。随着颗粒直径的变小，比表面积将会显著地增加。例如，粒径为 10 nm 时，比表面积为 90 m^2/g；粒径为 5nm 时，比表面积为 180 m^2/g；粒径下降到 2 nm 时，比表面积猛增到 450 m^2/g。当粒子直径减小到纳米级时，不仅表面原子数会迅速增加，而且表面积、表面能都会迅速增加。这主要是因为处于表面的原子数较多，表面原子的晶场环境和结合能与内部原子不同所引起的。表面原子周围缺少相邻的原子，有许多悬空键，具有不饱和性质，易与其他原子相结合而稳定下来，故具有很大的化学活性，晶体微粒化伴有这种活性表面原子的增多，其表面能大大增加。这种表面原子的活性不但引起纳米粒子表面原子的输送和构型变化，同时也引起表面电子的自旋构象和电子能谱的变化。

纳米材料具有非常大的界面。界面的原子排列是相当混乱的，原子在外力变形的条件下很容易迁移，因此表现出很好的韧性与一定的延展性，这使纳米材料具有新奇的界面效应。

2.2　传感器的基本特性

2.2.1　传感器的静态特性

传感器作为感受被测量信息的器件，人们总是希望它能按照一定的规律输出有用信号，因此需要研究其输出-输入的关系及特性，以便用理论指导其设计、制造、校准与使用。在理论和技术上表征输出-输入之间的关系通常是以建立数学模型来体现的，这也是研究科学问题的基本出发点。

传感器所测量的非电量一般有两种形式：一种是稳定的，即不随时间变化或变化极其缓慢的信号，称为静态信号；另一种是随时间变化而变化的信号，称为动态信号。由于输入量的状态不同，传感器所呈现的输入输出特性也不同，因此存在所谓的静态特性和动态特性。

为了降低或消除传感器在测量控制系统中的误差，传感器必须具有良好的静态特性和动态特性，才能使信号（或能量）按规律准确地转换。

1. 传感器静态特性的方程表示方法

静态数学模型是指在静态信号作用下（即输入量对时间 t 的各阶导数等于零）得到的数学模型。传感器的静态特性是指传感器在静态工作条件下的输入输出特性。所谓静态工作条件是指传感器的输入量恒定或缓慢变化，而输出量也达到相应稳定值的工作状态，这时，输出量为输入量的确定函数。若在不考虑滞后、蠕变的条件下，传感器的静态模型一般可用多项式来表示，即 $y=a_0+a_1x+a_2x^2+\cdots+a_nx^n$。其中，$x$ 为传感器的输入量，即被测量；y 为传感器的输出量，即测量值；a_0 为零位输出；a_1 为传感器线性灵敏度；$a_2,a_3,\cdots,a_n$ 为非线性项的待定常数。$a_0,a_1,a_2,a_3,\cdots,a_n$ 决定了特性曲线的形状和位置，一般可通过传感器的校准试验数据经曲线拟合求出，它们可正，可负。

在研究其特性时，可不考虑零位输出，根据传感器的内在结构参数不同，它们各自可能含有不同项数形式的数学模型。理论上为了研究方便，数学模型可能有以下四种情况，如图 2.8 所示，这种表示输出量与输入量之间关系的曲线称为特性曲线。

(1) 人们通常希望传感器具有理想的线性特性,即输出量与输入量呈严格的线性关系,因为只有具备这样的特性才能正确无误地反映被测量的真实值。这时传感器的数学模型如图 2.8(a)所示。由图 2.8(a)有

$$a_0=a_2=a_3=\cdots=a_n=0 \tag{2.6}$$

因此得到

$$y=a_1x \tag{2.7}$$

因为直线上任意点的斜率均相等,所以传感器的灵敏度 S 为

$$S=\frac{y}{x}=a_1=\text{常数} \tag{2.8}$$

(2) 传感器的数学模型仅有偶次非线性项,如图 2.8(b)所示。其数学模型为 $y=a_1x+a_2x^2+a_4x^4+\cdots$。方程仅包含一次方项和偶次方项,因为没有对称性,所以线性范围较窄。一般传感器设计很少采用这种特性。通常,传感器的实际特性可能不过零点。

(3) 传感器的数学模型仅有奇次非线性项,如图 2.8(c)所示。其数学模型为 $y=a_1x+a_3x^3+a_5x^5+\cdots$。具有这种特性的传感器一般在输入量 x 相当大的范围内具有较宽的准线性,这是较接近理想线性的非线性特性,它相对坐标原点是对称的,即 $y(-x)=-y(x)$,所以具有相当宽的近似线性范围。通常,传感器的实际特性也可能不过零点。

(4) 在一般情况下,传感器的数学模型应包括多项式的所有项数,即 $y=a_1x+a_2x^2+a_3x^3+\cdots$,如图 2.8(d)所示。这是考虑了非线性和随机等因素的一种传感器特性。

当传感器的特性出现了图 2.8(b)、图 2.8(c)、图 2.8(d)所示的非线性的情况时,就必须采用线性补偿措施。

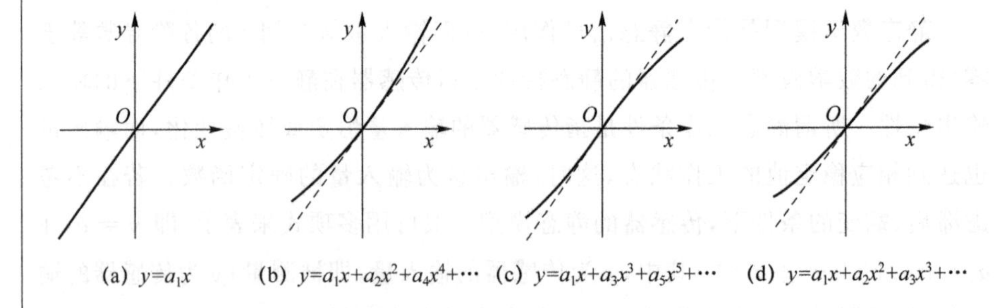

图 2.8 传感器的静态特性

传感器及其元部件的静态特性方程在多数情况下可用代数多项式表示,在某些情况下则以非多项式的函数形式来表示更为合适,如双曲线函数、指数函数、对数函数等。

2. 静态特性的曲线表示法

要使传感器和计算机联机使用,将传感器的静态特性用数学方程表示是必

不可少的，但是，为了直观地、一目了然地看出传感器的静态特性，使用图线（静态特性曲线）来表示静态特性显然是较好的方式。

图线能表示出传感器特性的变化趋势以及何处有最大或最小的输出，传感器灵敏度何处高和何处低。当然，也能通过其特性曲线，粗略地判别出传感器是线性传感器还是非线性传感器。

绘制曲线的步骤大体如下：选择图纸、为坐标分度、描数据点、描曲线、加注解说明。通常，传感器的静态特性曲线可绘制在直角坐标中，根据需要，可以采用对数或半对数坐标。x 轴永远表示被测量，y 轴则永远代表输出量。坐标的最小分格应与传感器的精度级别相应。分度过细，超出传感器的实际精度需要，将会造成曲线的人为起伏，表现出虚假精度和读出无效数字；分度过粗，将降低曲线的读数精度，曲线表现得过于平直，可读性大为削弱。图 2.9 所示的为同一特性的三种不同曲线表示。可以看出，图 2.9(a)的分度比较合理，图 2.9(b)的纵轴分度过细，图 2.9(c)的纵轴分度过粗。

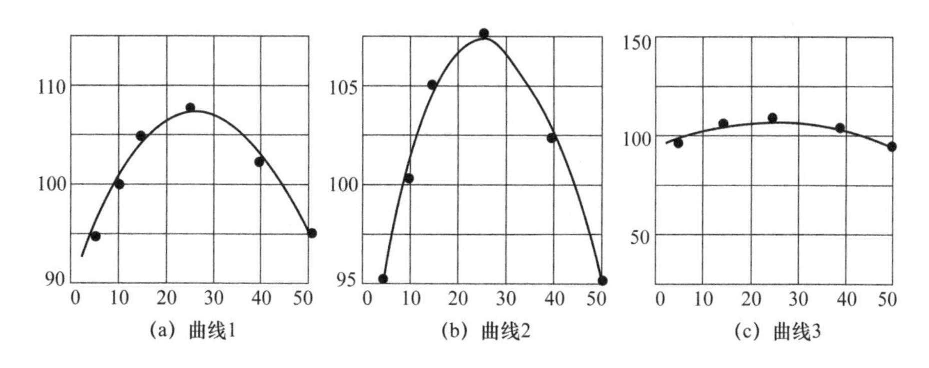

图 2.9　同一特性不同分度所绘曲线的比较

3. 传感器的主要静态性能指标

传感器的静态特性是通过各静态性能指标来表示的，它是衡量传感器静态性能优劣的重要依据。静态特性是传感器使用的重要依据，传感器的出厂说明书中一般都列有其主要的静态性能指标的额定数值。

传感器可将某一输入量转换为可用信息，因此，人们总是希望输出量能不失真地反映输入量。在理想情况下，输出输入给出的是线性关系，但在实际工作中，由于非线性（高次项的影响）和随机变化量等因素的影响，输入输出不可能是线性关系。所以，衡量一个传感器检测系统静态特性的主要技术指标有灵敏度、分辨率、线性度、迟滞（滞环）、重复性误差、静态误差，下面对这些指标进行介绍。

① 灵敏度

灵敏度（静态灵敏度）是传感器或检测仪表在稳态下输出量的变化量 Δy 与输入量的变化量 Δx 之比，用 K 表示。

$$K = \frac{\Delta y}{\Delta x} \tag{2.9}$$

如果输入输出特性为线性的传感器或仪表，则

$$K = \frac{y}{x} \tag{2.10}$$

如果检测系统的输入输出特性为非线性，则灵敏度不是常数，而是随输入量的变化而改变的，应以 dy/dx 表示传感器在某一工作点的灵敏度。在实际使用中，由于需要外加辅助电源的传感器的输出量与供给传感器的电源电压有关，因此，其灵敏度的表达式往往需要包括电源电压的因素。灵敏度是一个有单位的量，其单位决定于传感器输出量的单位和输入量的单位以及有关的电源电压的单位。例如，当某位移传感器的电源电压为 1 V，每 1 mm 位移变化引起的输出电压变化为 100 mV 时，则其灵敏度可表示为 100 mV/(mm·V)。

某铂丝热敏传感器的灵敏度的求解过程如下。

在小测量温度范围内，铂丝热敏传感器阻值与温度可近似看作线性关系，如图 2.10 所示，有

$$R = R_0(1 + \alpha_t T) \tag{2.11}$$

其灵敏度为

$$K = dR/dT = R_0\alpha_t \tag{2.12}$$

其中，R_0 是铂丝热敏传感器在零度时的阻值，α_t 是铂丝热敏传感器的温度系数。

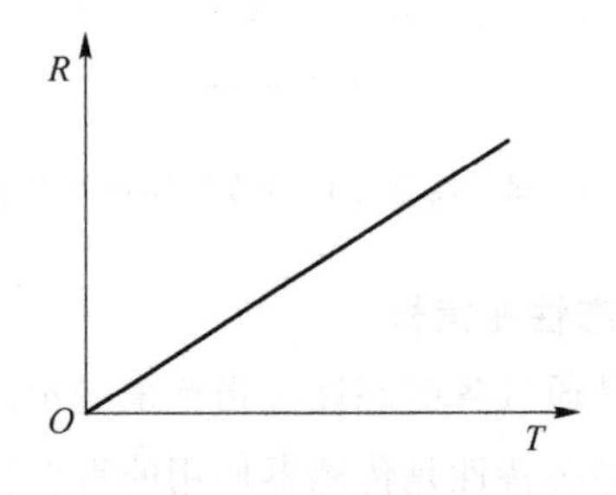

图 2.10 铂丝热敏传感器的温度特性

对此铂丝热敏传感器构成的电桥进行温度测量，输出电压信号与温度的关系呈非线性关系，如图 2.11 所示，有

$$U = a_0 + a_1 T - a_2 T^2 \tag{2.13}$$

其中，a_0、a_1、a_2 是常数。

铂丝热敏传感器的灵敏度可表示为

$$K = \frac{dU}{dT} = a_1 - 2a_2 T \tag{2.14}$$

工程上近似表示为

$$K = a_1 \tag{2.15}$$

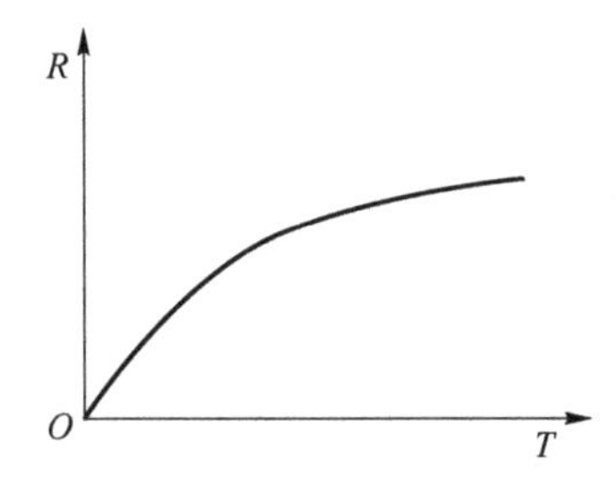

图 2.11　铂丝非线性温度特性

② 分辨率

分辨率也称灵敏度阈值，即引起输出量产生可观测的微小变化所需的最小输入量。因为传感器的输入输出关系不可能都做到绝对连续，有时输入量开始变化了，但输出量并不随之相应变化，而是当输入量变化到一定程度时输出量才突然产生一个小的阶跃变化。这就出现了分辨率和阈值问题。从微观来看，传感器的特性曲线并不是十分平滑的，而是有许多微小起伏的。当输入量改变 Δx 时，输出量变化 Δy，若 Δx 变小，Δy 也变小。但是一般来说，Δx 小到某种程度后，输出量就不再变化了，这时的 Δx 就是分辨率或灵敏度阈值。

存在灵敏度阈值的原因有两个。第一个原因是输入的变化量通过传感器内部时被吸收了，因而反映不到输出端上去。典型的例子是螺丝或齿轮的松动，螺丝和螺帽、齿条和齿轮之间多少都有空隙，如果 Δx 相当于这个空隙的话，那么 Δx 是无法传递出去的。又例如，装有轴承的旋转轴如果不加上能克服轴与轴之间摩擦的力矩的话，轴是不会旋转的。第二个原因是传感器输出存在噪声。如果传感器的输出值比噪声电平小，就无法把有用信号和噪声分开。如果不加上最起码的输入值(这个输入值所产生的输出值与噪声的电平大小相当)是得不到有用的输出值的，该输入值即灵敏度阈值，也称为灵敏阈、门槛灵敏度或阈值。

对数字显示的测量系统，分辨率是数字显示的最后一位所代表的值。对指针式测量仪表，分辨率与人们的观察能力和仪表的灵敏度有关。

③ 线性度

传感器的校准曲线与选定的拟合直线的偏离程度称为传感器的线性度，又称非线性误差。通常为了标定和数据处理的方便，人们总希望得到线性关系。可采用各种方法(如硬件或软件的补偿等)进行线性化处理。输出不可能丝毫不差地反应被测量的变化，总存在一定的误差(线性或非线性)，即使实际是线性关系的特性，测量的线性关系也并不完全与特性曲线重合。在实际应用中常用一条拟合直线近似代表实际的特性曲线，如图 2.12 所示。线性度就是用来评价传感器的实际输入输出特性与理论拟合的线性输入输出特性的接近程度的一个性能指标，即传感器特性的非线性程度的参数。

$$e_L = \pm \Delta y_{max}/y_{F.S.} \times 100\% \tag{2.16}$$

其中，$y_{F.S.}$——传感器的满量程输出值（F. S. 是 full scale 的缩写）；Δy_{max}——校准曲线与拟合直线的最大偏差。

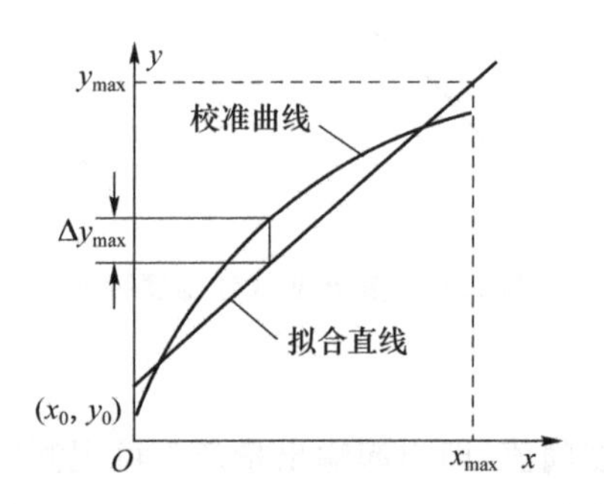

图 2.12　线性度曲线

线性度（非线性误差）的大小是以一条拟合直线或理想直线作为基准直线计算出来的，基准直线不同，所得出的线性度就不一样，因而不能笼统地提线性度或非线性误差，必须说明其所依据的拟合基准直线，比较传感器线性度好坏时必须建立在相同的拟合方法上。按照所依据的基准直线的不同，线性度可分为理论线性度、端基线性度、独立线性度、最小二乘法线性度等。

④ 迟滞

在相同的工作条件下做全量程范围校准时，正行程（输入量由小到大）和反行程（输入量由大到小）所得的输出输入特性曲线不重合。如图 2.13 所示，在整个测量范围内产生的最大滞环误差用 Δy_{max} 表示，它与满量程输出值 $y_{F.S.}$ 的比值称为最大滞环率 e_h。

$$e_h = \pm \frac{1}{2} \frac{\Delta y_{max}}{y_{F.S.}} \times 100\% \tag{2.17}$$

磁性材料磁化、材料受力变形、机械部分存在（轴承）间隙和摩擦、紧固件松动等都会造成迟滞。

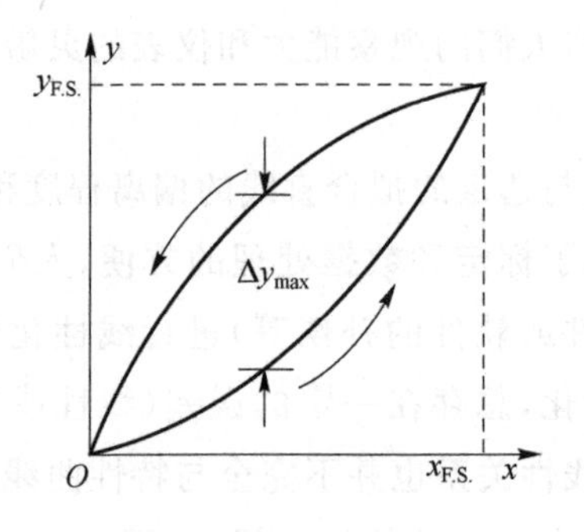

图 2.13　迟滞

⑤ 重复性误差

重复性误差是指传感器在输入量按同一方向做全量程连续多次测试时，所得特性曲线不一致的程度，如图 2.14 所示。

$$e_z = \pm \Delta y_{max} / y_{F.S.} \times 100\% \tag{2.18}$$

其中，Δy_{max}为 Δy_{max1}和 Δy_{max2}这两个偏差中的较大者。

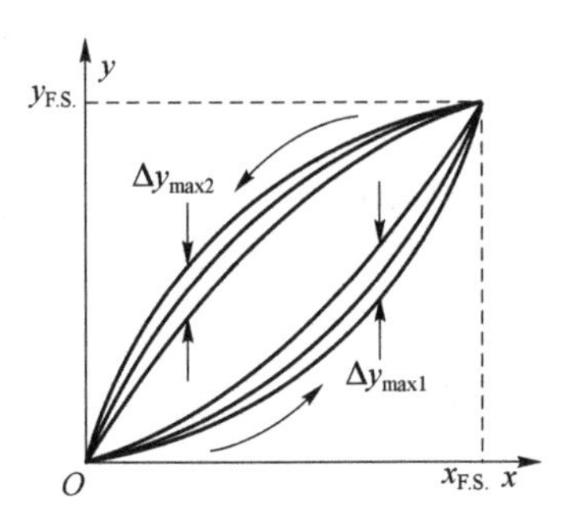

图 2.14　重复性

因重复性误差属于随机误差，故按标准偏差来计算重复性指标更合适，用σ_{max}表示各校准点标准偏差中的最大值，则重复性误差可表示为

$$e_z = \pm \frac{(2 \sim 3)\sigma_{max}}{y_{F.S.}} \times 100\% \tag{2.19}$$

标准偏差可以根据贝塞尔公式来计算：

$$\sigma = \sqrt{\frac{\sum_{i=1}^{n} (y_i - \bar{y})^2}{n-1}}$$

⑥ 静态误差

静态误差是指传感器在其全量程内任一点的输出值与其理论值的偏离程度，是评价传感器静态特性的综合指标。

a. 用线性度、迟滞、重复性误差表示：

$$e_s = \pm \sqrt{e_L^2 + e_h^2 + e_z^2} \tag{2.20}$$

b. 用系统误差加随机误差表示：

$$e_s = (|\Delta y_{max}| + \alpha\sigma) / y_{F.S.} \times 100\% \tag{2.21}$$

其中，Δy_{max}表示校准曲线相对于拟合直线的最大偏差，系统误差的极限值；σ 表示按极差法计算所得的标准偏差；α 表示置信系数。

2.2.2　传感器的动态特性

传感器的动态特性是指其输出对随时间变化的输入量的响应特性。一个动态特性好的传感器，其输出将再现输入量的变化规律，即和输入量具有相同的时间函数。实际上输出信号不会与输入信号具有相同的时间函数，这种输出与输入间的差异就是所谓的动态误差。

以动态测温为例，如图 2.15 所示，设环境温度为 T_0，水槽中水的温度为 T，而且 $T>T_0$，将传感器突然插入被测介质中；用热电偶测温，在理想情况下测试曲线的输出值是呈阶跃变化的，而实际上热电偶输出值是缓慢变化的，存在一个过渡过程。

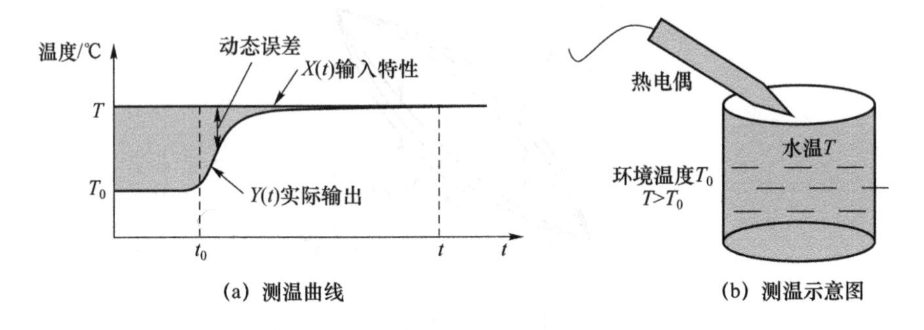

图 2.15　测温

造成热电偶输出波形失真和产生动态误差的原因是温度传感器有热惯性(由传感器的比热容和质量大小决定)和传热热阻，使得在动态测温时传感器输出总是滞后于被测介质的温度变化。这种热惯性是热电偶固有的，这决定了热电偶测量快速温度变化时会产生动态误差。

动态特性除了与传感器的固有因素有关之外，还与传感器输入量的变化形式有关。

1. 传感器的动态数学模型

要精确地建立传感器(或测试系统)的动态数学模型是很困难的。在工程上常采取一些近似的方法，忽略一些影响不大的因素。

传感器系统(线性时不变系统)的方程为

$$a_n \frac{\mathrm{d}^n y}{\mathrm{d}t^n} + a_{n-1} \frac{\mathrm{d}^{n-1} y}{\mathrm{d}t^{n-1}} + \cdots + a_1 \frac{\mathrm{d}y}{\mathrm{d}t} + a_0 y = b_m \frac{\mathrm{d}^m x}{\mathrm{d}t^m} + b_{m-1} \frac{\mathrm{d}^{m-1} x}{\mathrm{d}t^{m-1}} + \cdots + b_1 \frac{\mathrm{d}x}{\mathrm{d}t} + b_0 x \tag{2.22}$$

其中，$a_n, a_{n-1}, \cdots, a_0$ 和 $b_m, b_{m-1}, \cdots, b_0$ 均为与系统结构参数有关的常数。在信息论和工程控制中，通常采用一些足以反映系统动态特性的函数，将系统的输出与输入联系起来，这些函数有传递函数、频率响应函数和脉冲响应函数等。

(1) 传递函数

设 $x(t)$、$y(t)$的拉氏变换分别为 $X(s)$、$Y(s)$，对式 2.22 两边取拉氏变换，并设初始条件为零，得

$$Y(s)(a_n s^n + a_{n-1} s^{n-1} + \cdots + a_1 s + a_0) = X(s)(b_m s^m + b_{m-1} s^{m-1} + \cdots + b_1 s + b_0) \tag{2.23}$$

其中，s 为复变量，$s=b+\mathrm{j}\omega, b>0$。

定义 $Y(s)$ 与 $X(s)$ 之比为传递函数，并记为 $H(s)$，则

$$H(s)=\frac{Y(s)}{X(s)}=\frac{b_m s^m+b_{m-1}s^{m-1}+\cdots+b_1 s+b_0}{a_n s^n+a_{n-1}s^{n-1}+\cdots+a_1 s+a_0} \tag{2.24}$$

因此，研究一个复杂系统时，只要给系统一个激励 $x(t)$ 并通过实验求得系统的输出 $y(t)$，由 $H(s)=\mathcal{L}[y(t)]/\mathcal{L}[x(t)]$ 即可确定系统的特性。

(2) 频率响应函数

对于稳定系统，令 $s=\mathrm{j}$，得

$$H(\mathrm{j}\omega)=\frac{Y(\mathrm{j}\omega)}{X(\mathrm{j}\omega)}=\frac{b_m(\mathrm{j}\omega)^m+b_{m-1}(\mathrm{j}\omega)^{m-1}+\cdots+b_1(\mathrm{j}\omega)+b_0}{a_n(\mathrm{j}\omega)^n+a_{n-1}(\mathrm{j}\omega)^{n-1}+\cdots+a_1(\mathrm{j}\omega)+a_0} \tag{2.25}$$

其中，$H(\mathrm{j}\omega)$ 为系统的频率响应函数，简称频率响应或频率特性。

将频率响应函数改写为

$$H(\mathrm{j}\omega)=H_{\mathrm{R}}(\omega)+\mathrm{j}H_{\mathrm{I}}(\omega)=A(\omega)\mathrm{e}^{-\mathrm{j}\phi(\omega)} \tag{2.26}$$

其中，

$$A(\omega)=|H(\mathrm{j}\omega)|=\sqrt{[H_{\mathrm{R}}(\omega)]^2+[H_{\mathrm{I}}(\omega)]^2} \tag{2.27}$$

称为传感器的幅频特性，表示输出与输入幅值之比随频率的变化。

$$\varphi(\omega)=\arctan[H_{\mathrm{I}}(\omega)/H_{\mathrm{R}}(\omega)] \tag{2.28}$$

称为传感器的相频特性，表示输出超前输入的角度，通常输出总是滞后于输入，故其总是负值。研究传感器的频域特性时主要用幅频特性。

(3) 冲击响应函数

单位脉冲函数 $d(t)$ 的拉氏变换为

$$\Delta(s)=\mathcal{L}[\delta(t)]=\int_0^{\infty}\delta(t)\mathrm{e}^{-st}\mathrm{d}t=\mathrm{e}^{-st}\big|_{t=0}=1 \tag{2.29}$$

故以 $d(t)$ 为输入时系统的传递函数为

$$H(s)=Y(s)/\Delta(s)=Y(s) \tag{2.30}$$

再对式(2.30)两边取反拉氏变换，并令 $\mathcal{L}^{-1}[H(s)]=h(t)$，则有

$$h(t)=\mathcal{L}^{-1}[H(s)]=\mathcal{L}^{-1}[Y(s)]=y_{\delta}(t) \tag{2.31}$$

通常称 $h(t)$ 为系统的冲击响应函数。

对于任意输入 $x(t)$ 所引起的响应 $y(t)$，可利用两个函数的卷积关系，即响应 $y(t)$ 等于脉冲响应函数 $h(t)$ 与激励 $x(t)$ 的卷积：

$$y(t)=h(t)*x(t)=\int_0^t h(\tau)x(t-\tau)\mathrm{d}\tau=\int_0^t x(\tau)h(t-\tau)\mathrm{d}\tau \tag{2.32}$$

所以，冲击响应函数可以描述系统的动态特性。

传感器的种类和形式很多，它们一般可以简化为一阶或二阶系统。分析了一阶和二阶系统的动态特性，就可以对各种传感器的动态特性有基本了解。

研究动态特性可以从时域和频域两个方面采用瞬态响应法和频率响应法来分析。

2. 传感器的频率响应

传感器对正弦输入信号的响应特性称为频率响应特性。频率响应法是从传感器的频率特性出发研究传感器的动态特性的。

(1) 一阶传感器的频率响应

一阶传感器微分方程为

$$a_1 \frac{\mathrm{d}y(t)}{\mathrm{d}t} + a_0 y = b_0 x(t) \tag{2.33}$$

令 $\tau = a_1/a_0$(称为时间常数),$S_n = b_0/a_0$,灵敏度归一化之后可得

$$\frac{a_1}{a_0}\frac{\mathrm{d}y(t)}{\mathrm{d}y} + y(t) = x(t) \tag{2.34}$$

一阶传感器的频率响应特性曲线如图 2.16 所示。

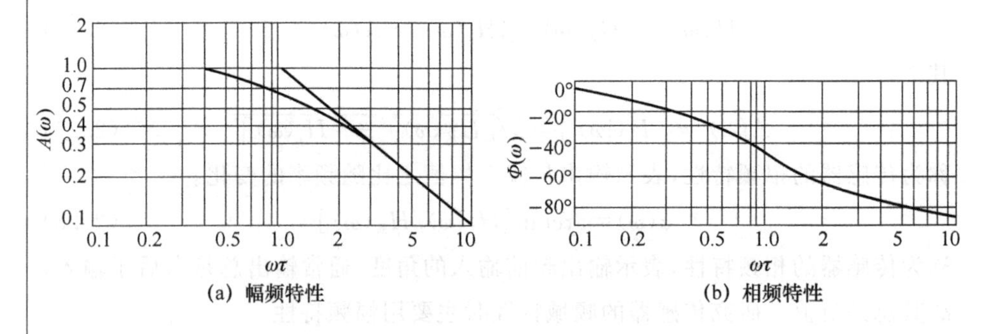

(a) 幅频特性　　(b) 相频特性

图 2.16　一阶传感器的频率响应特性曲线

当 $\omega\tau \ll 1$ 时,有 $A(\omega) \approx 1$,$\Phi(\omega) \approx 0$,这表明传感器的输出与输入呈线性关系,且相位差很小,输出能比较真实地反映输入的变化。因此,减小 τ 可改善传感器的频率特性。

(2) 二阶传感器的频率响应

二阶传感器的微分方程为

$$a_2 \frac{\mathrm{d}^2 y}{\mathrm{d}t^2} + a_1 \frac{\mathrm{d}y}{\mathrm{d}t} + a_0 y = a_0 x \tag{2.35}$$

二阶传感器的幅频特性和相频特性曲线如图 2.17 所示。

从图 2.17 可看出,传感器的频率响应特性主要取决于传感器的固有频率和阻尼比。

当 $\xi < 1$,$\omega_n \gg \omega$ 时:$A(\omega) \approx 1$,幅频特性平直,输出与输入为线性关系;$\Phi(\omega)$很小,$\Phi(\omega)$与 ω 为线性关系。此时,系统的输出 $y(t)$真实准确地再现输入 $x(t)$的波形,这是测试设备应有的性能。

(3) 频率响应特性指标

① 频带

传感器增益保持在一定值内的频率范围,即对数幅频特性曲线上幅值衰减

3 dB 时所对应的频率范围，称为传感器的频带或通频带，对应有上、下截止频率。

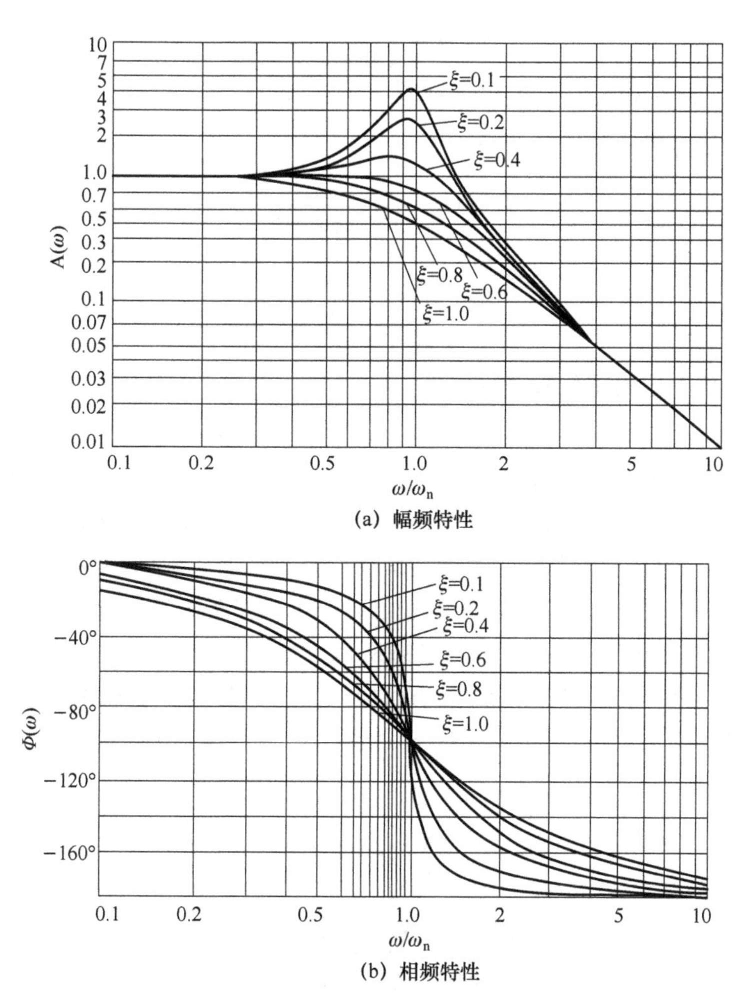

图 2.17　二阶传感器的幅频特性和相频特性曲线

② 时间常数 τ

用时间常数 τ 来表征一阶传感器的动态特性，τ 越小，频带越宽。

③ 固有频率 ω_n

二阶传感器的固有频率 ω_n 表征了其动态特性。

3. 传感器的瞬态响应

传感器的瞬态响应是时间响应。在研究传感器的动态特性时，有时需要从时域中对传感器的响应和过渡过程进行分析，这种分析方法称为时域分析法。传感器对所加激励信号的响应称为瞬态响应。常用激励信号函数有阶跃函数、斜坡函数、脉冲函数等。

下面以传感器的单位阶跃响应来评价传感器的动态性能指标。

(1) 一阶传感器的单位阶跃响应

一阶传感器的传递函数为

$$H(s)=\frac{Y(S)}{X(S)}=\frac{1}{\tau s+1} \tag{2.36}$$

(2) 二阶传感器的单位阶跃响应

二阶传感器的传递函数为

$$H(s)=\frac{\omega_{\mathrm{n}}^{2}}{s^{2}+2\xi\omega_{\mathrm{n}}s+\omega_{\mathrm{n}}^{2}} \tag{2.37}$$

传感器输出的拉氏变换为

$$Y(s)=\frac{\omega_{\mathrm{n}}^{2}}{s(s^{2}+2\xi\omega_{\mathrm{n}}s+\omega_{\mathrm{n}}^{2})} \tag{2.38}$$

二阶传感器的单位阶跃响应为

$$y(t)=1-\left[\mathrm{e}^{-\xi\omega_{\mathrm{n}}t}/\sqrt{1-\xi^{2}}\right]\sin(\omega_{\mathrm{d}}t+\varphi_{2}) \tag{2.39}$$

二阶传感器对阶跃信号的响应在很大程度上取决于阻尼比 ξ 和固有频率 ω_{n}。固有频率 ω_{n} 由传感器主要结构参数所决定，ω_{n} 越高，传感器的响应越快。图 2.18 为二阶传感器的单位阶跃响应曲线。阻尼比 ξ 直接影响超调量和振荡次数。$\xi=0$ 为临界阻尼，超调量为 100%，产生等幅振荡，达不到稳态。$\xi>1$ 为过阻尼，无超调也无振荡，但达到稳态所需时间较长。$\xi<1$ 为欠阻尼，衰减振荡，达到稳态值所需时间随 ξ 的减小而加长。$\xi=1$ 时响应时间最短。实际使用中常按稍欠阻尼调整，ξ 取 0.6～0.8 为最好。

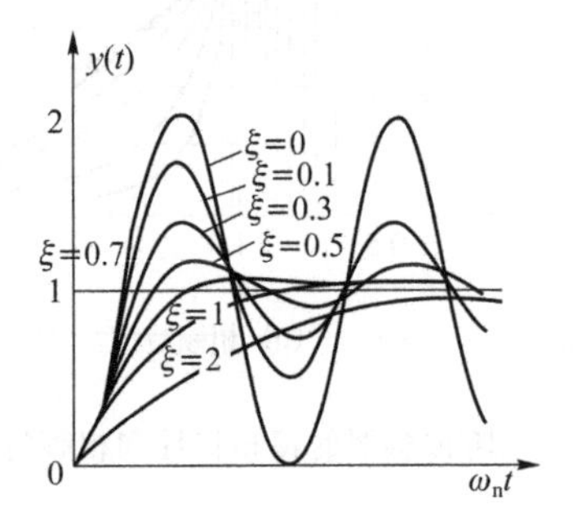

图 2.18　二阶传感器的单位阶跃响应曲线

(3) 瞬态响应特性指标

① 时间常数 τ

一阶传感器时间常数 τ 越小，响应速度越快。

② 延时时间

延时时间指传感器输出达到稳态值的 50%所需的时间。

③ 上升时间

上升时间指传感器输出达到稳态值的 90%所需的时间。

④ 超调量

超调量指传感器输出超过稳态值的最大值。

习　　题

2.1　列举常用传感器的基础效应及原理。

2.2　如图 2.19 所示，当开关 S 断开时，用光子能量为 2.5 eV 的一束光照射阴极 P，发现电流表读数不为零。合上开关，调节滑动变阻器，发现当电压表读数小于 0.6 V 时，电流表读数仍不为零；当电压表读数大于或等于 0.6 V 时，电流表读数为零。

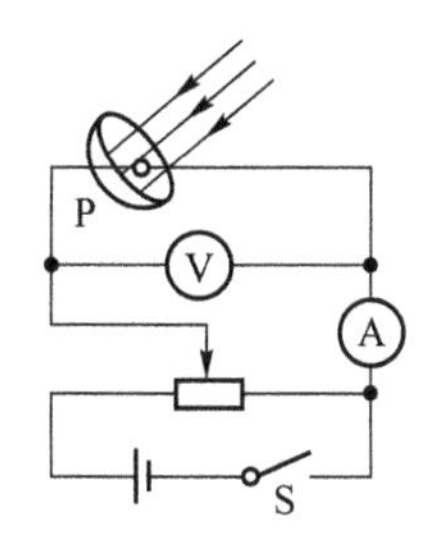

图 2.19　示意图

(1) 求此时光电子的最大初动能的大小；

(2) 求该阴极材料的逸出功。

2.3　已知某霍尔元件尺寸：长 $L=10$ mm，宽 $b=3.5$ mm，厚 $d=1$ mm。沿 L 方向通以电流 $I=1.0$ mA，在垂直于 $b\times d$ 两方向上加均匀磁场 $B=0.3$ T，输出霍尔电势 $U_H=6.55$ mV。求该霍尔元件的灵敏度系数 K_H 和载流子浓度 n。

2.4　传感器的性能参数反映了传感器的什么特性？静态参数有哪些？各种参数代表什么意义？动态参数有哪些？应如何选择？

2.5　某位移传感器在输入量变化 5 mm 时，输出电压变化为 300 mV，求其灵敏度。

2.6　某传感器为一阶系统，受阶跃函数作用，在 $t=0$ 时，输出为 10 mV；在 $t\to\infty$ 时，输出为 100 mV，而在 $t=5$ s 时，输出为 50 mV，试求该传感器的时间常数。

2.7　某压力传感器属于二阶系统，其固有频率为 1 000 Hz，阻尼比为临界值的 50%，当 500 Hz 的简谐压力输入后，试求其幅值误差和相位滞后。

2.8　解释下列名词：

测量范围 量程 线性度 迟滞 重复性 灵敏度 阈值 漂移 稳定性

2.9　已知某传感器静态特性方程 $y=e^x$，试分别用端点拟合法及最小二乘拟合法，在 $0<x<1$ 范围内拟合直线方程，并求出相应的线性度。

2.10　已知某一阶传感器的传递函数为 $H(p)=1/(\tau p+1)$，其中 $\tau=0.001\ \mathrm{s}$，求该传感器输入信号的工作频率范围。

第3章　物理量传感器

3.1　物理量传感器概述

物理量是度量物理属性或描述物体运动状态及其变化过程的量，物理量传感器是能感受规定的物理量并将其转换成可用输出信号的传感器，包括力学量、热学量、电学量、磁学量、光学量、声学量6种传感器。由于传感器是将一般的非电效应转换为电信号的转换器，因此在产生电信号之前通常需要一个或多个转换步骤。这些步骤可能涉及多种能量类型的变化，但最后一步必须产生理想格式的电信号。在通常情况下有两种传感器：直接传感器和复杂传感器。直接传感器是能够直接将非电刺激转换为电信号的传感器。然而许多刺激不能直接转化为电能，因此需要多个转换步骤。例如，如果想要检测不透明物体的位移，可以使用光纤传感器。导频（激励）信号由发光二极管（LED）产生，通过光纤传输到目标，并从目标表面反射。反射光子进入接收光纤并向光电二极管传播，在光电二极管中产生的电流就表示从光纤端到目标的距离。我们看到这样一个传感器涉及电流转换成光子，光子通过一些折射介质的传播、反射转换回电流。因此，这种复杂传感器包括两个能量转换过程和光学信号的处理过程。

国际通用的物理量有长度、时间、质量、热力学温度、电流、光强度、物质的量7种，其他力学、声学、电磁学、热学、光学等物理量都可按量的定义或物理定律由量的方程导出。物理量传感器的被测量种类繁多，采用的原理和技术多样，本章仅介绍典型的物理量传感器。

3.2　力学传感器

力学量传感器又称力敏传感器，是应用最广泛的一类传感器。它是指将被测力学量信号转换成电信号的传感器。通常的力学信号是指压力、压强、拉力、张力、重力、力矩等与机械应力以及形变相关的物理量。力学量的测量对象和测量原理差距很大，因此所涉及的原理、特性、工艺和应用的类型较多，且涉及的范围较宽，本节根据物联网用传感器的特点，仅对与物联网联系紧密且最常见和最典型的传感器原理及应用进行简要介绍。

3.2.1 应变式力学传感器

1. 应变式力学传感器的工作原理

应变式力学传感器的工作原理基于以下三个基本的转换环节：

$$力(F)\rightarrow应变(\varepsilon)\rightarrow电阻变化(\Delta R)\rightarrow电压输出(\Delta V)$$

其中，力转变为应变由敏感元件完成，这一转换依赖于传感器的结构；应变转变为电阻的变化由电阻应变式转换元件完成；电阻的变化转变为电压的输出由测试电路完成。三个转换过程构成了一个完整的应变式力学传感器。

应变式力学传感器的核心元件是电阻应变片，它可将试件上的应力变化转换成电阻变化。当导体或半导体在受到外界力的作用时，产生机械变形，机械变形导致其阻值变化，这种因形变而使阻值发生变化的现象称为应变效应。对于一长为 L，横截面积为 A，电阻率为 ρ 的金属丝，其电阻值为 $R=\rho\frac{L}{S}$。

当电阻丝受到轴向拉力 F 作用时，金属丝几何尺寸变化引起电阻的相对变化：

$$\frac{\Delta R}{R}=\frac{\Delta L}{L}-\frac{\Delta S}{S}+\frac{\Delta\rho}{\rho} \tag{3.1}$$

在弹性范围内金属丝沿轴向方向伸长时，径向尺寸缩小，反之亦然。轴向应变 ε 和径向应变 ε_r 的关系为 $\varepsilon_r=\mu\varepsilon$，其中 μ 为金属材料的泊松系数。经过推导，$\frac{\Delta R}{R}=\frac{\Delta L}{L}-\frac{\Delta S}{S}+\frac{\Delta\rho}{\rho}$可变化为

$$\frac{\Delta R}{R}=[(1+2\mu)+C(1-2\mu)]\varepsilon \tag{3.2}$$

其中，R 为无应变时的电阻值，ΔR 为有应变时的电阻值变化大小，μ 为金属材料的泊松系数，C 为金属材料的某个常数，ε 为轴向应变大小。当定义 $K_S=[(1+2\mu)+C(1-2\mu)]$，$\varepsilon=\frac{\Delta L}{L}$时，式(3.2)可以简化为

$$\frac{\Delta R}{R}=K_S\varepsilon \tag{3.3}$$

金属电阻应变片的工作原理如图 3.1 所示。

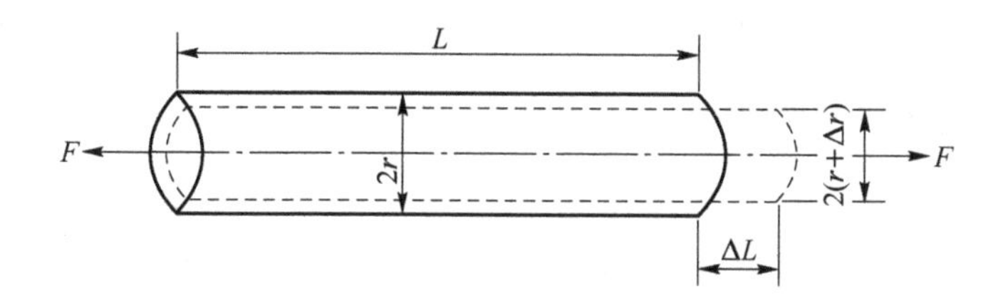

图 3.1　金属电阻应变片的工作原理图

2. 金属电阻应变片的主要特性

(1) 应变片的基本结构

图 3.2 是金属丝式应变片的基本结构，金属丝式应变片由敏感栅、基底、盖片、引线和黏结剂等组成。这些部分所选用的材料将直接影响应变片的性能，因此，应根据使用条件和要求合理地加以选择。图 3.3 是金属箔式应变片的基本结构，金属箔式应变片的制作过程：首先利用光刻、腐蚀等工艺制成一种很薄的金属箔栅（厚度一般在 0.003～0.010 mm），然后将其黏贴在基片上，并在上面覆盖一层薄膜。金属箔式应变片的优点是表面积和截面积之比大，散热条件好，允许通过的电流较大。

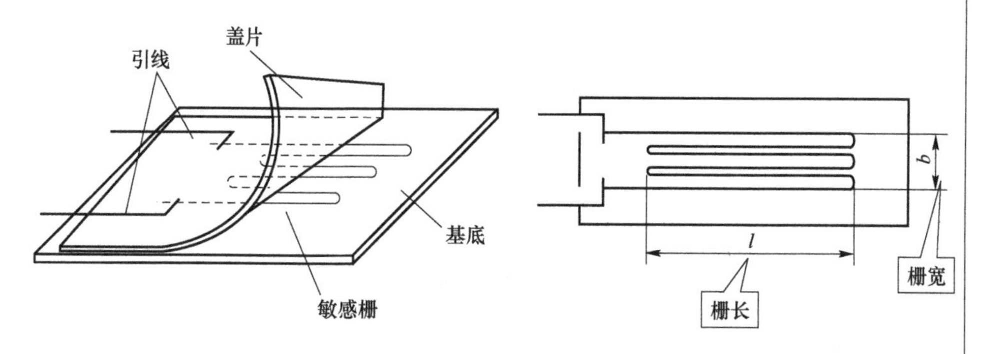

图 3.2　金属丝式应变片的基本结构

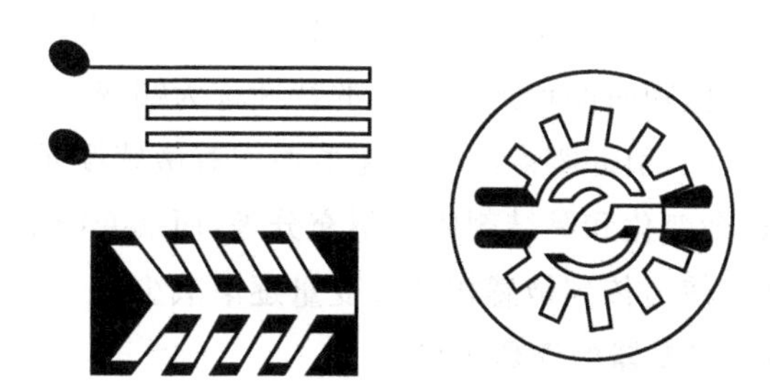

图 3.3　金属箔式应变片的基本结构

(2) 应变片的主要特性

① 灵敏度系数

灵敏度系数 k 是应变片的重要参数。应变片的灵敏度系数 k 恒小于线材的

灵敏度系数 k_s,这主要是由胶层传递变形失真和横向效应引起的,灵敏度系数通过公式 $k=\frac{\Delta R}{R\varepsilon}$可以计算得到。

② 横向应变

金属丝式应变片由于敏感栅的两端为半圆弧形的横栅,测量应变时,构件的轴向应变 ε 使敏感栅电阻发生变化,而其横向应变 ε_r 也使敏感栅半圆弧部分的电阻发生变化。应变片这种既受轴向应变影响,又受横向应变影响而引起电阻变化的现象称为横向应变。

③ 机械滞后

应变片黏贴在被测试件上,当温度恒定时,其加载特性与卸载特性不重合,即为机械滞后,如图 3.4 所示。机械滞后产生原因主要是应变片在承受机械应变后存在残余变形,使敏感栅电阻发生少量不可逆变化,以及在制造或粘贴应变片时,敏感栅产生不适当的变形或黏结剂固化不充分等。

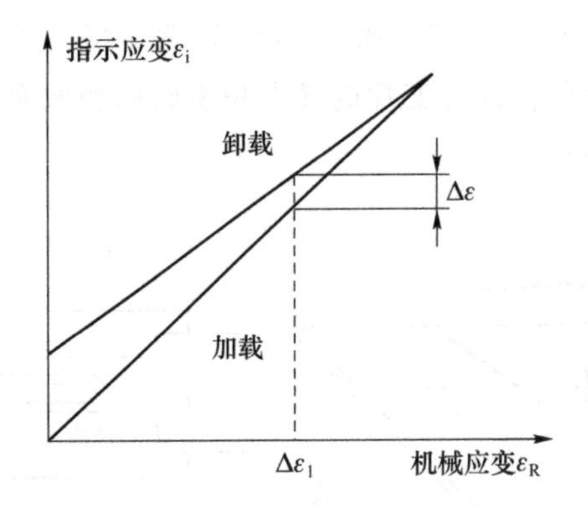

图 3.4 应变片的机械滞后

④ 零点漂移和蠕变

对于粘贴好的应变片,当温度恒定时,不承受应变时,其电阻值随时间增加而变化的特性称为应变片的零点漂移。如果在一定温度下,使应变片承受恒定的机械应变,其电阻值随时间增加而变化的特性称为蠕变。一般蠕变的方向与原应变量的方向相反。引起零点漂移的主要原因有敏感栅通电后的温度效应、应变片的内应力逐渐变化和黏结剂固化不充分等,而蠕变产生的原因主要是胶层之间发生“滑动”,使力传到敏感栅的应变量逐渐减少。

3. 应变式力学传感器的测量电路

应变片将应变的变化转换成电阻相对变化 $\Delta R/R$,只有把电阻的变化转换成电压或电流的变化,才能用电测仪表进行测量。通常采用电桥电路实现这种转换,根据电源的不同,电桥可以分为直流电桥和交流电桥。

(1) 直流电桥电路

图 3.5 是直流电桥电路的示意图,当电源 E 为电势源,其内阻为零时,R_1、

R_2、R_3、R_4 为电桥的桥臂，R_g 为其负载电阻，检流计中流过的电流 I_g 与电桥各参数之间的关系为

$$I_g = \frac{E(R_1R_4 - R_2R_3)}{R_g(R_1 + R_2)(R_3 + R_4) + R_1R_2(R_3 + R_4) + R_3R_4(R_1 + R_2)} \tag{3.4}$$

其中 R_g 为负载电阻，因而其输出电压为

$$U_g = I_gR_g = \frac{E(R_1R_4 - R_2R_3)}{R_g(R_1 + R_2)(R_3 + R_4) + \frac{1}{R_g}R_1R_2(R_3 + R_4) + R_3R_4(R_1 + R_2)} \tag{3.5}$$

当 $R_1R_2 = R_3R_4$ 时，$I_g = 0$，$U_g = 0$，此时电桥处于平衡状态。

若电桥的负载电阻 R_g 为无穷大，则 B、D 两点可视为开路，式(3.5)可以化简为

$$U_g = E\frac{R_1R_4 - R_2R_3}{(R_1 + R_2)(R_3 + R_4)} \tag{3.6}$$

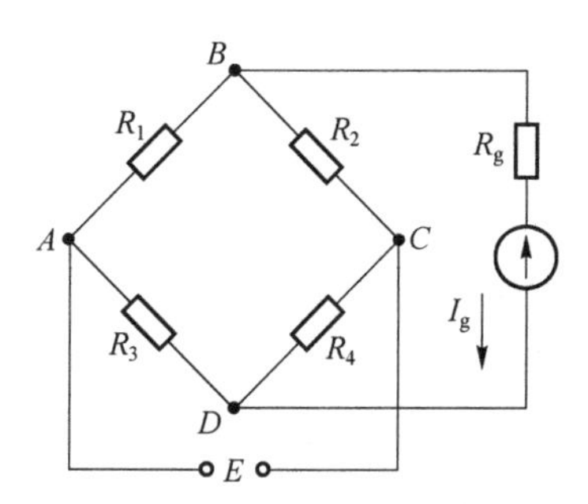

图 3.5　直流电桥电路的示意图

(2) 交流电桥电路

交流电桥也称作不平衡电桥，是利用电桥输出的电流或电压与电桥各参数间的关系进行工作的。交流电桥在电桥输出端接入电流计或放大器。在输出电流时，为了使电桥有最大的电流灵敏度，希望电桥的输出电阻尽量和指示器内阻相同。图 3.6(a)是交流电桥电路的示意图，图中 Z_1、Z_2、Z_3、Z_4 为复阻抗，u 为交流电压源，U_o 为开路输出电压。在应变片构成的交流电路中，可以使桥臂为电阻应变片，由于引线间存在分布电容，故相当于桥臂上并联了一个电容，半桥差动电路如图 3.6(b)所示。桥臂上的复阻抗分别为(C_1、C_2 为分布电容)

$Z_1 = \dfrac{R_1}{1 + j\omega R_1C_1}$；$Z_2 = \dfrac{R_1}{1 + j\omega R_2C_2}$；$Z_3 = R_3$；$Z_4 = R_4$。

交流电桥的输出电压为

$$U_o = u\frac{Z_1Z_4 - Z_2Z_3}{(Z_1 + Z_2) + (Z_3 + Z_4)} \tag{3.7}$$

则交流电桥的平衡条件为 $Z_1Z_4 = Z_2Z_3$。将桥臂的复阻抗带入可得

$$\frac{R_2}{R_1} = \frac{R_4}{R_3} \tag{3.8}$$

及

$$\frac{R_2}{R_1}=\frac{C_2}{C_1} \tag{3.9}$$

由此可知,由应变片构成的交流电桥除了要满足电阻平衡条件外,还要满足电容平衡条件。

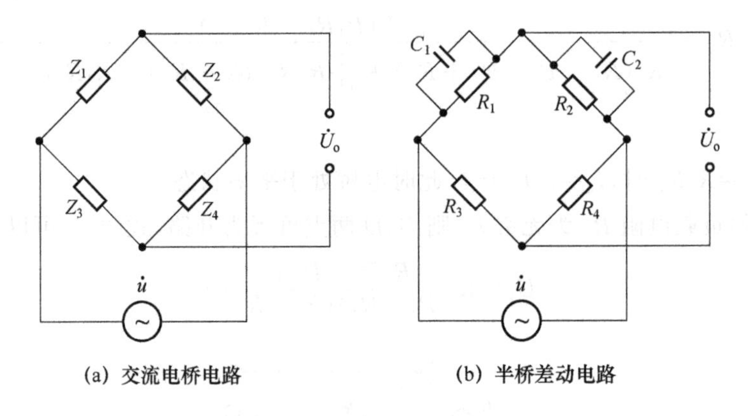

(a) 交流电桥电路　　(b) 半桥差动电路

图 3.6　电桥电路的示意图

4. 应变式力学传感器实用举例

(1) 柱(筒)式力传感器

图 3.7 是柱(筒)式力传感器的示意图,弹性敏感元件为实心或空心的柱体(横截面为 S,材料弹性模量为 E),当柱体轴向受拉力 F 作用时,在弹性范围内,应力 σ 与应变 ε 成正比关系。

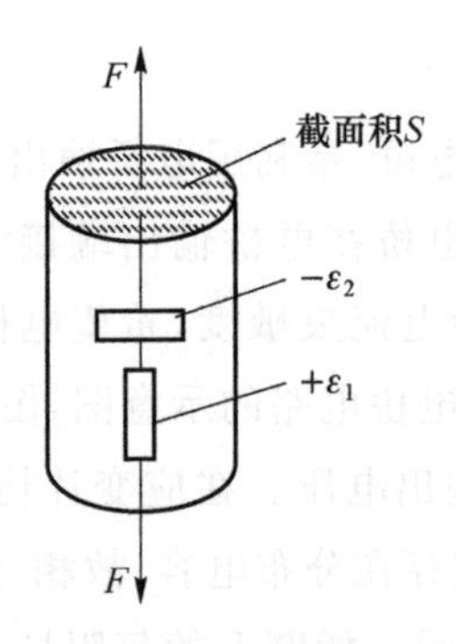

图 3.7　柱(筒)式传感器示意图

应变片粘贴在弹性柱体外壁应力分布均匀的中间部分,沿轴向和圆周各向对称均匀地粘贴多片应变片。图 3.8 是贴片在柱面上的展开位置及其在桥路中的连接情况。弹性元件上应变片的黏贴和电桥连接应尽可能消除偏心和弯矩的影响,一般将应变片对称地贴在应力均匀的圆柱表面中部(构成差动对),且将应变片置于对臂位置,以减小弯矩的影响。横向粘贴的应变片具有温度补偿作用。

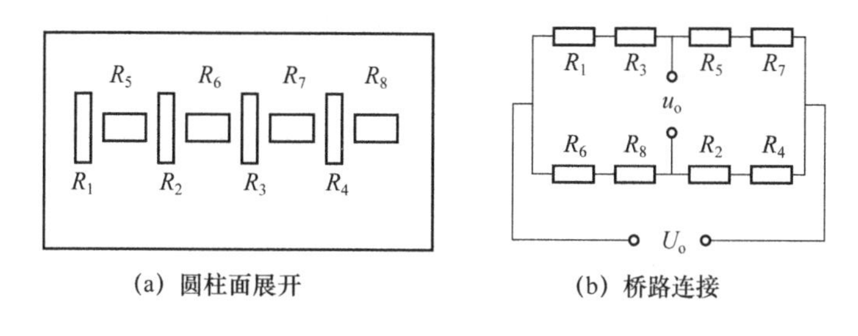

(a) 圆柱面展开　　(b) 桥路连接

图 3.8　贴片在柱面上的展开位置及其在桥路中的连接情况

(2) 悬臂梁式力传感器

悬臂梁式力传感器采用弹性梁及电阻应变片作为敏感转换元件,组成全桥电路。当垂直正压力或拉力作用在弹性梁上时,应变片随弹性梁一起变形,其应变使应变片的阻值变化,应变电桥输出与拉力或压力成正比的电压信号。如图 3.9 所示,悬臂梁有两种:一种为等强度悬臂梁;另一种为等截面悬臂梁。

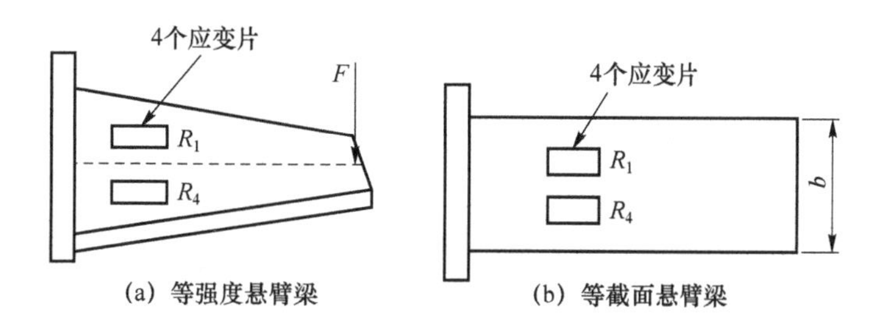

(a) 等强度悬臂梁　　(b) 等截面悬臂梁

图 3.9　两种悬臂梁示意图

等强度悬臂梁的结构如图 3.9(a)所示,这是一种特殊的悬臂梁,其特点是截面上的应力沿梁长度方向的截面按一定规律变化,当外力 F 作用在自由端时,距作用点任何距离的截面上的应力都相等。在自由端有力 F 作用时,在梁表面整个长度方向产生大小相等的应变,应变大小为

$$\varepsilon=\frac{6Fl}{bh^2E} \tag{3.10}$$

其中,h 为梁的厚度,l 为梁的长度,b 为固定端的宽度,F 为作用力,E 为弹性模量(杨氏模量)。

等截面悬臂梁的结构如图 3.9(b)所示,它的悬臂梁横截面面积处处相等,当外力 F 作用在梁的自由端时,在固定端产生的应变最大。梁的厚度为 h,梁的宽度为 b,悬臂外端到应变片中心的距离为 l_0,粘贴了应变片处的应变大小为

$$\varepsilon=\frac{6Fl_0}{bh^2E} \tag{3.11}$$

(3) 应变式加速度传感器

图 3.10 所示为应变式加速度传感器。它由带有惯性的质量块 m、应变片、弹簧片、基座及外壳等组成,是一种惯性式传感器。测量时,根据所测振动体的

加速度方向，把传感器固定在被测部位。当被测点的加速度与图 3.10 中箭头所示的方向一致时，自由端受惯性力 $F=ma$ 的作用，质量块向箭头相反的方向相对于基座运动，使应变片的电阻发生变化，产生输出信号，输出信号的大小与加速度成正比。

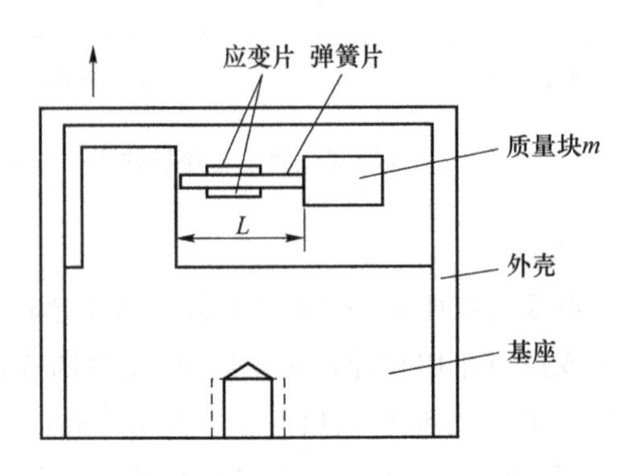

图 3.10 应变式加速度传感器

压电式力学传感器

3.2.2 压电式力学传感器

压电式力学传感器是一种自发电式传感器。它以某些电介质的压电效应为基础，在外力作用下，在电介质表面产生电荷，从而实现非电量测量的目的。压电传感元件是力敏感元件，它可以测量最终能变换为力的那些非电物理量，如动态力、动态压力、振动加速度等，但不能用于静态参数的测量。压电式力学传感器具有体积小、质量轻、频响高、信噪比大等特点。由于它没有运动部件，因此结构坚固、可靠性高、稳定性高。

1. 压电式力学传感器的工作原理

压电式力学传感器是基于某些介质材料的压电效应，是典型的双向有源传感器。当材料受力作用而变形时，其表面会有电荷产生，从而实现非电量测量。

某些电介质(通常采用 SiO_2)在沿一定方向上受到外力的作用而变形时，其内部会产生极化现象，同时在它的两个表面上生成符号相反的电荷，当外力去掉后，它又会恢复到不带电状态，从而实现力/电转换。具有压电效应的物质很多，如石英晶体、压电陶瓷、压电半导体等。并且压电效应是可逆的，在电介质的极化方向上施加电场时，这些电介质会发生变形，电场去掉后，电介质的变形随之消失。

2. 压电式力学传感器的等效电路与测量电路

(1) 等效电路

在压电式力学传感器中被测量的变化是通过压电元件产生电荷量的大小来反映的，因此压电式力学传感器相当于一个电荷源。而压电元件电极表面聚集电荷时，它又相当于一个以压电材料为电介质的电容器，其电容量 $C_a=\frac{\varepsilon S}{d}=\frac{\varepsilon_r\varepsilon_0 S}{d}$，其中，$S$ 为极板面积，ε_r 为压电材料的相对介电常数，ε_0 为真空介电函数，d 为压电元件的厚度。

当压电元件输出电荷时，可以把压电元件等效为一个电荷源 Q 和一个电容器 C_a 相并联的电荷等效电路，如图 3.11(a)所示。在开路状态下，其输出端电荷 $Q=U_aC_a$。当压电元件输出电压时，可以把它等效成一个电压源与一个电容器相串联的电压等效电路，如图 3.11(b)所示。在开路状态下，其输出端电压 $U_a=\frac{Q}{C_a}$。

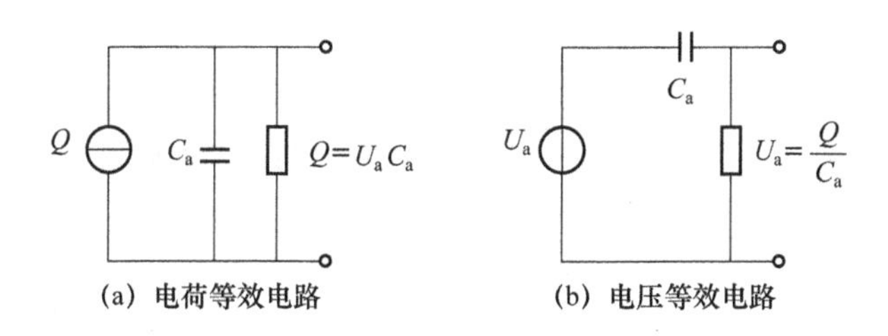

图 3.11　压电传感器的等效电路图

(2) 测量电路

由于压电式力学传感器的输出电信号很微弱，通常要把传感器信号输入高输入阻抗的前置放大器中，经过阻抗交换以后，方可用一般的放大检波电路将信号输入指示仪表或记录器中。根据压电式力学传感器的工作原理及等效电路，它的输出可以是电压信号，也可以是电荷信号。因此，设计前置放大器也有两种形式：一种是电压放大器，其输出与输入电压成正比；另一种是电荷放大器，其输出电压与输入电荷成正比。

① 电压放大器

电压放大器又称阻抗变换器，它的主要作用是把压电器件的高输出阻抗变换为传感器的低输出阻抗，并保持输出电压与输入电压成正比。图 3.12(a)是电压放大器电路，图 3.12(b)是压电式力学传感器与电压放大器连接的等效电路图，图 3.12(b)中的等效电阻 $R=\frac{R_aR_i}{R_a+R_i}$，等效电容 $C=C_a+C_i$。

若压电元件受正弦力 $f=F_m\sin\omega t$ 的作用，则压电元件上产生的电荷为

$$q=df=dF_m\sin\omega t \tag{3.12}$$

压电元件上产生的电压为

$$U_a=\frac{q}{C_a}=\frac{df}{C_a}=\frac{dF_m\sin\omega t}{C_a}=U_m\sin\omega t \tag{3.13}$$

其中，U_m 为压电元件输出电压幅值，$U_m=dF_m/C_a$；F_m 为作用力的幅值；d 为压

电系数;ω 为作用动态力的变化频率。

则放大器输入端电压为

$$U_{\mathrm{i}}=\frac{U_{\mathrm{a}}}{\dfrac{R\dfrac{1}{\mathrm{j}\omega C}}{R+\dfrac{1}{\mathrm{j}\omega C}}+\dfrac{1}{\mathrm{j}\omega C}}+\frac{R\dfrac{1}{\mathrm{j}\omega C}}{R+\dfrac{1}{\mathrm{j}\omega C}}=df\frac{\mathrm{j}\omega R}{1+\mathrm{j}\omega R(C_{\mathrm{a}}+C)} \tag{3.14}$$

在理想情况下,传感器的电阻值 R_{a} 与前置放大器输入电阻 R_{i} 都为无限大,即

$$\omega(C_{\mathrm{a}}+C_{\mathrm{c}}+C_{\mathrm{i}})R\gg 1 \tag{3.15}$$

那么,输入电压幅值 U_{im} 为

$$U_{\mathrm{im}}=\frac{dF_{\mathrm{m}}}{C_{\mathrm{a}}+C_{\mathrm{c}}+C_{\mathrm{i}}} \tag{3.16}$$

式(3.16)表明,在理想情况时前置放大器输入电压 U_{im} 与频率无关,一般在 $\omega/\omega_0>3$ 时,就可以认为 U_{im} 与 ω 无关,其中 ω_0 表示测量电路时间常数 τ 的倒数:

$$\omega_0=\frac{1}{\tau}=\frac{1}{(C_{\mathrm{a}}+C_{\mathrm{c}}+C_{\mathrm{i}})R} \tag{3.17}$$

这表明在测量回路的时间常数一定的情况下,压电传感器有很好的高频响应,也就是测量电路的输出与被测信号频率无关。

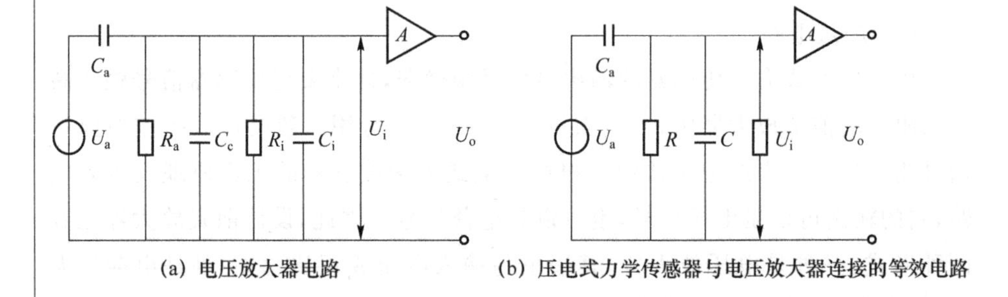

(a) 电压放大器电路　(b) 压电式力学传感器与电压放大器连接的等效电路

图 3.12　电路图

② 电荷放大器

电荷放大器是将高内阻的电荷源转换为低输出阻抗电压源的压电式力学传感器专用的前置放大器,它的输出电压正比于输入电荷。电荷放大器由一个反馈电容 C_{f} 和高增益运算放大器构成。若放大器的开环增益 A_0 足够大,并且放大器的输入阻抗很高,则放大器输入端几乎没有分流,运算电流仅流入反馈电容 C_{f}。由图 3.13 可知运放电流 i 的表达式为

$$i=\frac{U_{\mathrm{i}}-U_{\mathrm{o}}}{Z}=\frac{U_{\mathrm{i}}-(-AU_{\mathrm{i}})}{\dfrac{1}{\mathrm{j}\omega C_{\mathrm{f}}}}=\frac{U_{\mathrm{i}}}{\dfrac{1}{(A+1)\mathrm{j}\omega C_{\mathrm{f}}}} \tag{3.18}$$

反馈电容 C_{f} 等效到开环增益 A_0 的输入端时,电容 C_{f} 将增大 $1+A_0$ 倍。所以,在图 3.13 中 $C'=(1+A_0)C_{\mathrm{f}}$,这就是所谓“密勒效应”的结果。

由图 3.13(b)电荷放大器的等效电路可知，运算放大器的输入电压为

$$U_i=\frac{q}{C_a+C_c+C_l+(A+1)C_f} \tag{3.19}$$

运算放大器的输出电压为

$$U_o=-AU_i=-A\frac{q}{C_a+C_c+C_i+(A+1)C_f} \tag{3.20}$$

在通常情况下 $A=10^4\sim10^8$，$(A+1)C_f\gg(C_a+C_c+C_i)$，则式(3.20)可近似为

$$U_o=-A\frac{q}{(A+1)C_f}\approx-\frac{q}{C_f} \tag{3.21}$$

说明电荷放大器的输出电压只与电荷 q、反馈电容 C_f 有关，与放大倍数及电缆电容无关，当 A_0 足够大时，传感器本身的电容和电缆长短将不影响电荷放大器的输出，这是电荷放大器的最大特点。

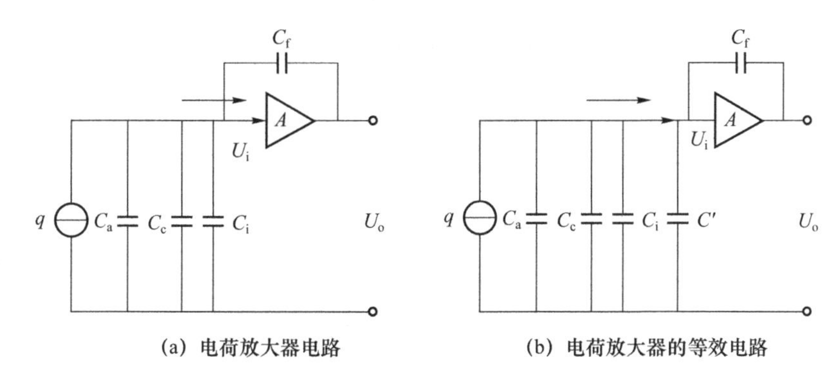

图 3.13　压电式传感器与电荷放大器的等效电路图

3. 压电式力学传感器的实用举例

(1) 压电式测压传感器

根据使用要求不同，压电式测压传感器有各种不同的结构形式，但它们的基本原理相同。压电式测压传感器的原理如图 3.14 所示，它由引线、壳体、基座、压电晶片、受压膜片及导电片组成。当膜片受到压力 P 作用后，则在压电晶片上产生电荷。在一个压电片上所产生的电荷 q 为 $q=d_{11}F=d_{11}SP$，其中，F 为作用于压电片上的力，d_{11} 为压电系数，P 为压强，S 为膜片的有效面积。

压电式测压传感器的输入量为压力 P，如果传感器只由一个压电晶片组成，则灵敏度的定义有：电荷灵敏度为 $k_q=\frac{q}{P}$；电压灵敏度为 $k_u=\frac{U_o}{P}$；电荷灵敏度为$k_q=d_{11}S$。因为 $U_o=\frac{q}{C_0}$，所以电压灵敏度也可表示为 $k_u=\frac{d_{11}S}{C_0}$，其中，U_o 为压电片输出电压，C_0 为压电片等效电容。

(2) 压电式加速度传感器

压电式加速度传感器主要有纵向效应型、横向效应型和剪切效应型三种，其中纵向效应型是最常见的。图 3.15 是纵向效应型压电式加速度传感器的结

构图，压电陶瓷和质量块为环形，通过螺母对质量块预先加载，使之压紧在压电陶瓷上。测量时将传感器基座与被测对象紧固在一起。输出信号由电极引出。当传感器感受振动时，因为质量块相对被测体质量较小，因此质量块感受到与传感器基座相同的振动，并受到与加速度方向相反的惯性力，此力 $F=ma$。同时，惯性力作用在压电陶瓷片上产生的电荷为

$$q=d_{33}F=d_{33}ma \tag{3.22}$$

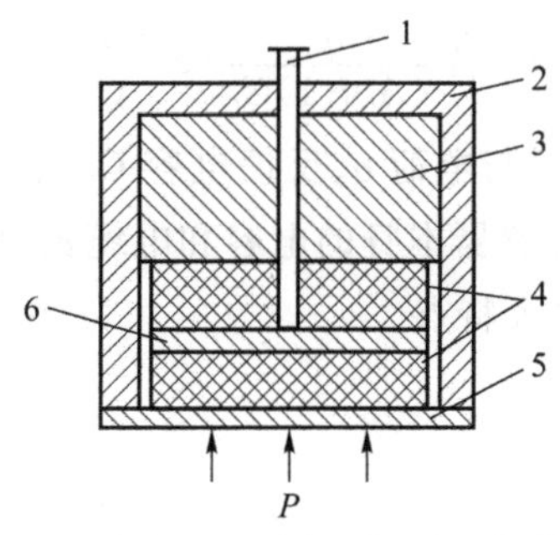

1—引线；2—壳体；3—压电晶片；5—受压膜片；6—导电片

图 3.14　压电式测压传感器

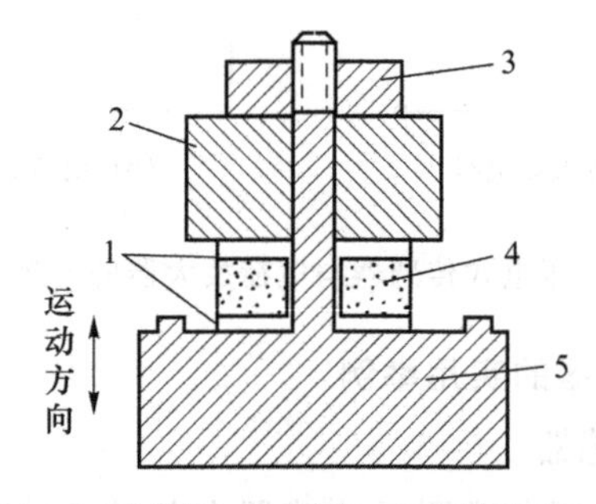

1—电极；2—质量块；3—螺母；4—压电陶瓷；5—基座

图 3.15　纵向效应型压电式加速度传感器

图 3.16 是压电式加速度传感器的连接方式。图 3.16(a)为并联形式，片上的负极集中在中间极上，其输出电容 C' 为单片电容 C 的两倍，输出电压 U' 等于单片电压 U，极板上电荷 q' 为单片电荷量 q 的两倍，即 $q'=2q, U'=U, C'=2C$。图 3.16(b)为串联形式，正电荷集中在上极板，负电荷集中在下极板，而中间的极板上产生的负电荷与下片产生的正电荷相互抵消。从图 3.16(b)可知，输出的总电荷 q' 等于单片电荷 q，输出电压 U' 为单片电压 U 的两倍，总电容 C' 为单片电容 C 的一半，即 $q'=q; U'=U, C'=\frac{1}{2}C$。

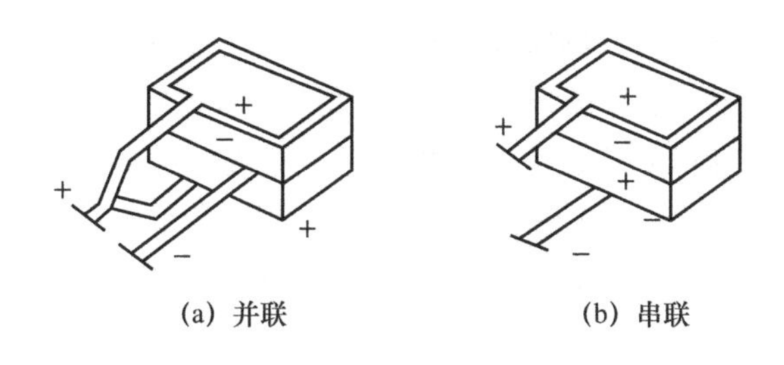

图 3.16　压电式加速度传感器的连接方式

3.3　热学传感器

3.3.1　温标与温度的测量

1. 温标的测量

因为测温原理和感温元件的不同，所以即使测量的温度相同，表现出的物理量形式和变化量的大小也可能不相同。为了对温度进行更加精确性和一致性的描述，出现了一个科学、客观和统一的标尺——温标。温标是用来度量物体温度的标尺，国际上用得较多的有热力学温标、摄氏温标、华氏温标和国际温标。

热力学温标：从绝对零度至水的三相点（固、液、气共存）的温度之间划分 273.16 等分，每一等分为一开尔文，符号为 K。

摄氏温标：在标准大气压下，冰的熔点为 0 ℃，水的沸点为 100 ℃，中间划分 100 等分，每一等分为摄氏一度，符号为 ℃。摄氏温度 t 与热力学温度 T 之间的数值关系为 $t(℃)=T(K)-273.15$。

华氏温标：在标准大气压下，冰的熔点为 32 ℃，水的沸点为 212 ℃，中间划分 180 等分，每一等分为华氏一度，符号为℉。华氏温标与摄氏温标的换算公式为 1 ℉=1 ℃×1.8+32 ℃。

国际温标：国际温标是一个国际协议性温标，主要是从实用角度建立起来的，温标与热力学温标相接近，并且温度复现较好。目前最新的国际温标 ITS-90 是由第十八届国际计量大会及第七十七届国际计量委员会确定的。

2. 温度的测量

温度的测量不像长度、质量等物理量可以用直接标准比较，它只能通过物体随温度变化的某些特性进行间接测量。当两个冷热程度不同的物体接触时，热量将会由温度高的物体向温度低的物体传递，直到两个物体达到热平衡。并且当物体的温度发生变化时，物体的某些物理性质也会发生变化。因为上述温度测量中的一些特殊性，可以将测量温度的方法分为两类。

(1) 接触式测温：这种测温方法是将温仪表的敏感元件与被测对象接触，以达到充分的热交换，最后通过达到热平衡来完成对温度的测量。这种测量方法的优点是比较直观并且测温仪表也相对简单，但因为敏感元件与被测对象接触，在接触过程中可能对被测对象的温场分布造成破坏，从而造成一定的测量误差。

(2) 非接触式测温：这种测温方法是感温元件与被测物体不进行接触，而是通过辐射进行热交换。该方法优点是不会对被测物体进行破坏，在测量运动的物体和温度变化较快的物体上具有一定优势。

3.3.2 热电阻温度传感器

1. 热电阻温度传感器的工作原理

热电阻温度传感器是利用导体或半导体的电阻值随温度变化而变化的原理进行测温的。人们也常常把这种导体或半导体的电阻值随温度变化而变化的现象称为热阻效应。热电阻温度传感器分为金属热电阻和半导体热电阻温度传感器两大类，通常把金属热电阻称为热电阻，而把半导体热电阻称为热敏电阻。

(1) 铂电阻的物理、化学性能在高温和氧化性介质中很稳定，并具有良好的工艺性能，易于提纯，可以做成非常细的铂丝或极薄的铂箔，但它的缺点就是电阻温度系数较小，同时价格较昂贵。铂电阻中的铂丝纯度用电阻比 W_{100} 来表示，它是铂电阻在 100 ℃时的阻值 R_{100} 与0 ℃ 时的阻值 R_0 之比。按 IEC 标准，工业测温应该用铂电阻。铂电阻除用作一般的工业测温外，在国际温标 IPTS-68 中还被用来作为在－259.34 ℃～630.74 ℃温度范围内的温度基准器。

铂的电阻与温度的关系可以用式(3.23)和式(3.24)表示。

在－200 ℃～0 ℃范围内：

$$R_t = R_0[1 + At + Bt^2 + C(t - 100t^3)] \tag{3.23}$$

在 0 ℃～800 ℃范围内：

$$R_t = R_0(1 + At + Bt^2) \tag{3.24}$$

其中，R_0、R_t 分别是 0 ℃和 t ℃时铂的电阻值；A、B、C 分别是由实验确定的温度系数，$A=3.908\,3\times10^{-3}/℃$，$B=-5.775\times10^{-7}/℃^2$，$C=-4.183\times10^{-12}/℃^4$。

(2) 由于铂是贵重金属，故在一些对测量精度要求不高和测温范围不大的情况下，可以采用铜电阻来代替铂电阻，从而降低成本，同时也能达到精度要求。在－50 ℃～150 ℃温度范围内，铜电阻阻值与温度的关系几乎是线性的，可用式(3.25)近似表示：

$$R_t = R_0[1 + At + Bt^2 + Ct^3] \tag{3.25}$$

其中，R_0、R_t 分别是 0 ℃和 t ℃时铜的电阻值；A、B、C 分别是由实验确定的温度系数，$A=4.288\ 9\times10^{-3}/℃^{-1}$，$B=-2.133\times10^{-7}/℃^{-1}$，$C=-1.233\times10^{-9}/℃^{-1}$。

铜电阻的缺点是电阻率较低，电阻体积较大，热惯性也大，而且易于氧化，不适合在腐蚀性介质中或高温下工作。目前工业上使用的标准铜电阻有分度号 Cu50（$R_0=50\ \Omega$）和 Cu100（$R_0=100\ \Omega$）两种。

（3）热敏电阻工作的原理与金属热电阻的工作原理是一样的，都是利用测量电阻随温度变化的特性来测量温度的，不同的是热敏电阻采用的是半导体材料，所以热敏电阻在工作中表现出体积小、灵敏度高、功耗低、价格便宜等优点，但也会存在热敏电阻的阻值随温度表现出非线性变化的不足。

根据热敏电阻材料的不同，或者热敏电阻中金属氧化物所占比例的不同，热敏电阻的阻值随温度表现出不同的变化特点。如图 3.17 所示，按照热敏电阻的阻值随温度的变化可以将热敏电阻分为正温度系数（Positive Temperature Coefficient，PEC）热敏电阻、负温度系数（Negative Temperature Coefficient，NTC）热敏电阻和临界温度系数（Critical Temperature Resistor，CTR）热敏电阻三种类型。

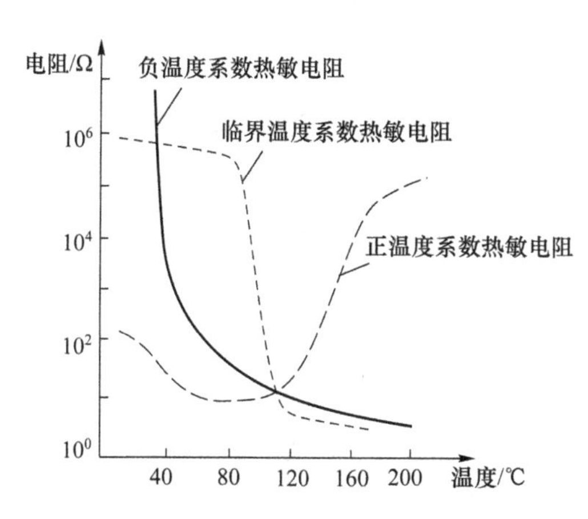

图 3.17　热敏电阻的温度特性曲线

2. 热电阻温度传感器的结构

普通型热电阻温度传感器由感温元件（金属电阻丝）、支架、引出线、保护套管及接线盒等基本部分组成。为避免电感分量，热电阻丝常采用双线并绕，制成无感电阻。

（1）感温元件（金属电阻丝）

铂的电阻率较大，而且相对机械强度较大，通常铂丝的直径在 0.03～0.07 mm 之间。可单层绕制，若铂丝太细，电阻体可做小些，但强度低；若铂丝粗，虽强度大，但电阻体积大，热惰性也大，成本高。由于铜的机械强度较低，所以电阻丝的直径需较大。感温元件（金属电阻丝）的制作方法：一般将（0.1±0.005）mm 的漆包铜线或丝包线分层绕在骨架上，并涂上绝缘漆。由于铜电阻的温度低，故可以重叠多层绕制，一般多用双绕法，即两根丝平行绕制，在末端把两个头焊接起来，这样工作电流从一根热电阻丝进入，从另一根热电阻丝反向出来，形成两个电流方向相反的线圈，其磁场方向相反，产生的电感互相抵消，故双绕法又称无感绕法。这种双绕法有利于引线的引出。

(2) 骨架

热电阻是绕制在骨架上的，骨架是用来支持和固定电阻丝的。骨架应使用电绝缘性能好，高温下机械强度高，体膨胀系数小，物理化学性能稳定，对热电阻丝无污染的材料制造，常用的是云母、石英、陶瓷、玻璃及塑料等。

(3) 引线

引线的直径应当比热电阻丝大几倍，尽量减少引线的电阻，增加引线的机械强度和连接的可靠性，对于工业用的铂电阻，一般采用 1 mm 的银丝作为引线。对于标准的铂电阻，可采用 0.5 mm 的铂丝作为引线。对于铜电阻，常用 0.5 mm 的铜线作为引线。在骨架上绕制好热电阻丝，焊好引线之后，在其外面加上云母片进行保护，再将其装入外保护套管，并和接线盒或外部导线相连接，即得到热电阻温度传感器。如图 3.18 所示是热电阻温度传感器的外形，1 是保护套管，2 是测温元件，3 是紧固螺栓，4 是接线盒，5 是引出线密封套管。

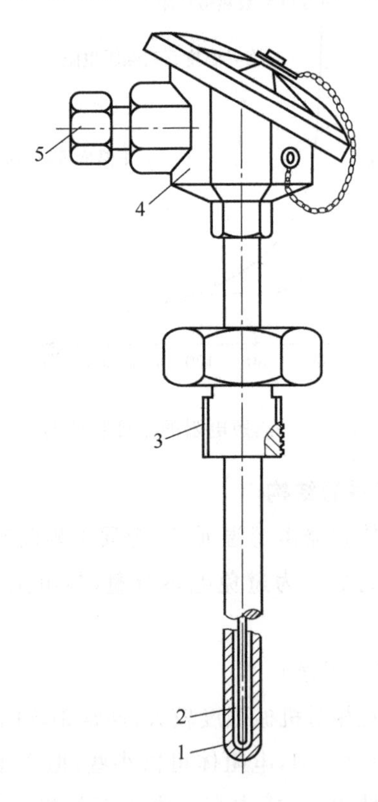

图 3.18 热电阻温度传感器的外形

3. 热电阻温度传感器的测量电路和主要参数

用热电阻温度传感器进行测温时，测量电路一般采用电桥电路。由于热电阻与测量仪表相隔距离一般较远，因此热电阻的引线对测量结果有很大的影响。热电阻温度传感器测温电桥的引线方式通常有两线制、三线制和四线制三种，如图 3.19 所示。

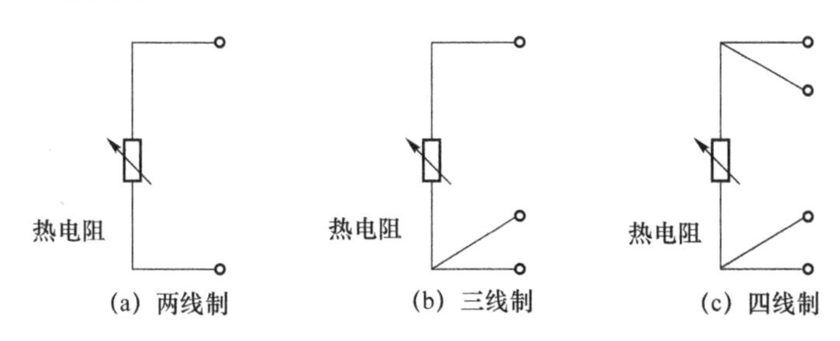

图 3.19　热电阻温度传感器测量电路内部的引线方式

两线制中引线电阻对测量结果影响较大，一般用于对测温精度要求不高的场合；三线制可以减小热电阻与测量仪表之间连接导线的电阻因环境温度变化所引起的测量误差；四线制可以完全消除引线电阻对测量的影响，常用于高精度温度检测。

热电阻温度传感器的主要参数有 0 ℃时的电阻值、测量精度、测温范围、热响应时间、工作电流、温度系数及热电阻的大小等。

3.3.3　热电偶温度传感器

热电偶温度传感器是一种能将温度转换为电动势的装置，是工程上应用最广泛的温度传感器之一，它构造简单，使用方便，具有较高的准确度、稳定性及复现性，温度测量范围宽，在温度测量中占有重要的地位。

1. 热电偶温度传感器的工作原理

(1) 热电效应

当两种不同材料的导体串接成一个闭合回路时，如果两接合点的温度不同($T \neq T_0$)，则在两者间将产生电动势(热电势)，而在回路中就会有一定大小的电流，这种现象称为热电效应或塞贝克效应。如图 3.20 所示，在热电极 A 和热电极 B 组成的回路中，两个接触点的温度分别为 T 和 T_0，这两个接触点会产生与温度 T、T_0 和热电极材料 A、B 有关的电动势。

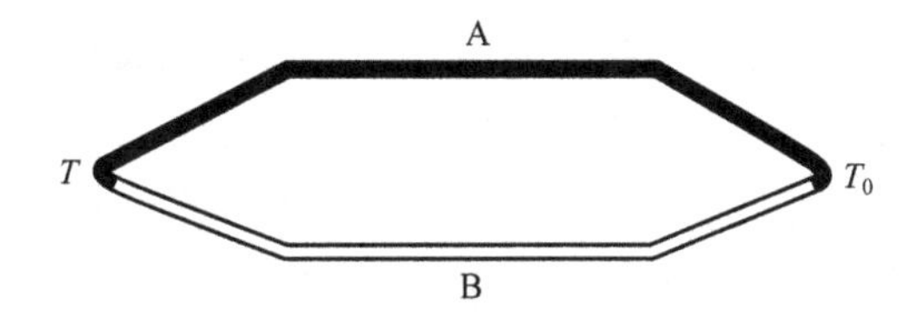

图 3.20　热电效应示意图

经理论分析表明:热电偶产生的热电动势由两种导体的接触电动势和单一导体温差电动势两部分组成。

(2) 热电偶的基本定律

① 均质导体定律。在由一种均质导体组成的闭合回路中,不论导体的横截面积、长度以及温度分布如何均不产生热电动势,这一性质称为均质导体定律。

② 中间导体定律。在热电偶回路中接入第三种材料的导线,只要这第三种材料的导体两端温度相同,第三种材料导线的引入不会影响热电偶的热电动势,这一性质称为中间导体定律。如图 3.21 所示,在材料 A、B 组成的热电偶回路中,接入第三种导体材料 C 时,只要第三种导体两端的温度相等,则对热电偶回路总的热电动势无影响。

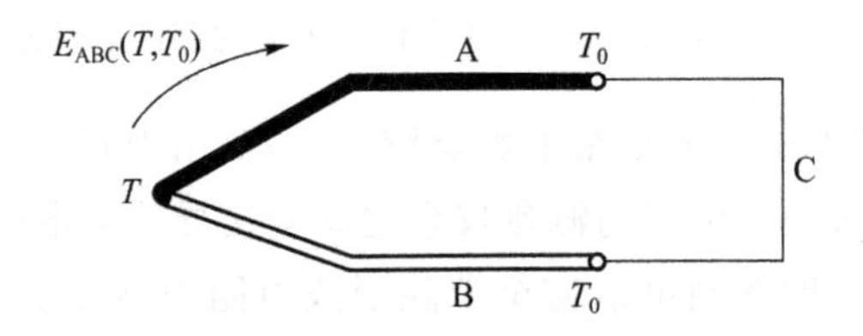

图 3.21 中间导体定律示意图

③ 中间温度定律。热电偶在结点温度为 T、T_0 时的热电动势等于该热电偶在(T,T_n)与(T_n,T_0)时的热电动势之和,这就是中间温度定律。T_n 称为中间温度,中间温度定律可以用式(3.26)表示:

$$E_{AB}(T,T_0)=E_{AB}(T,T_n)+E_{AB}(T_n,T_0) \tag{3.26}$$

中间温度定律的实用价值:在自由端温度不为 0 ℃时,可通过式(3.26)及分度表求得工作端温度;通过热电偶补偿导线的使用可将热电偶的自由端延伸到远离高温区的地方,从而使自由端的温度相对稳定。

2. 热电偶温度传感器的结构

热电偶温度传感器通常由热电极、绝缘套管、保护套管和接线盒等部分组成。按照热电偶温度传感器的结构,热电偶温度传感器主要可以分为普通热电偶温度传感器、铠装热电偶温度传感器和薄膜热电偶温度传感器。

(1) 普通热电偶温度传感器。如图 3.22 所示,常见的普通热电偶温度传感器由接线盒、保护套管、绝缘套管及热电极组成,主要可以用于对气体和液体等介质的测温。

(2) 铠装热电偶温度传感器。如图 3.23 所示,铠装热电偶温度传感器由热电极、绝缘材料、金属套管、接线盒及固定装置组成。铠装热电偶温度传感器又称套管热电偶温度传感器,它是由金属保护套管、绝缘材料和热电极三者组合成一体的热电偶温度传感器。因为内部的热电偶丝与外界空气隔绝,所以铠装热电偶温度传感器具有良好的抗高温氧化、抗低温水蒸气冷凝、抗机械外力冲击的特性，并且铠装热电偶温度传感器可以制作得很细，能解决微小、狭窄场合的测温问题，且具有抗震、可弯曲等优点。

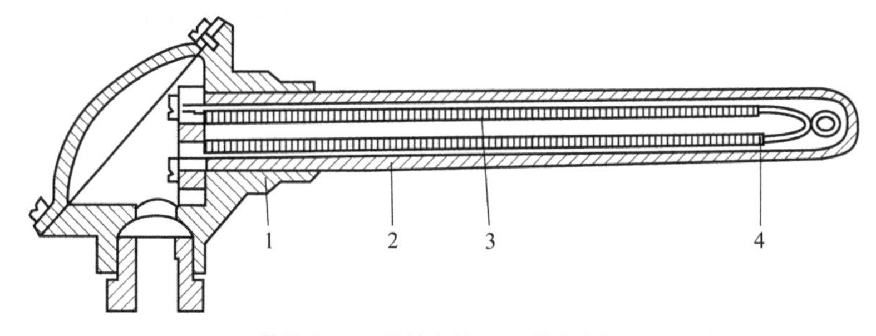

1—接线盒；2—保护套管；3—绝缘套管；4—热电极

图3.22　普通热电偶温度传感器结构示意图

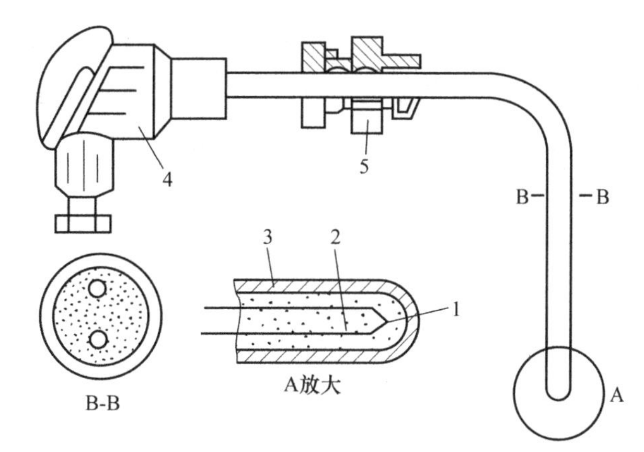

1—热电极；2—绝缘材料；3—金属套管；4—接线盒；5—固定装置

图3.23　铠装热电偶温度传感器结构示意图

(3) 薄膜热电偶温度传感器。如图3.24所示，薄膜热电偶温度传感器主要由热电极、热接点、绝缘基板及引出线组成。薄膜热电偶温度传感器是一种特殊热电偶，由两种薄膜热电极材料通过真空蒸镀、化学涂层等办法蒸镀到绝缘基板上面而制成。薄膜热电偶温度传感器的测量端既小又薄，具有热容量小、反应速度快等特点。

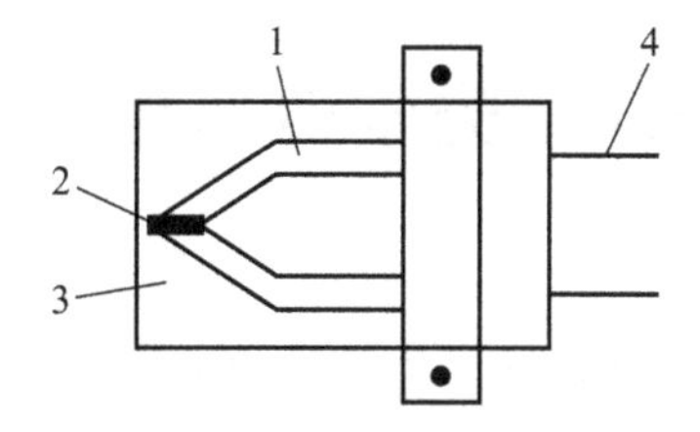

1—热电极；2—热接点；3—绝缘基板；4—引出线

图3.24　薄膜热电偶温度传感器的结构示意图

3. 热电偶温度传感器的测温电路

(1) 基本测温电路

如图 3.25 所示，热电偶温度传感器基本测量电路包括热电偶、补偿导线、冷端补偿器、连接用铜线、动圈式显示仪表。

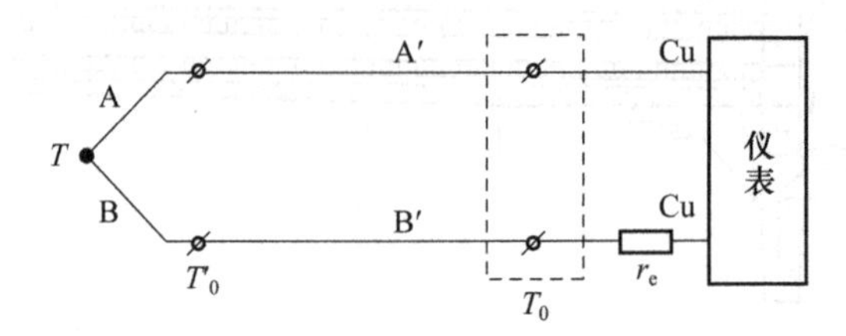

图 3.25　热电偶温度传感器的基本测温电路图

(2) 实际测温电路

在实际工作中常需要测量两处的温差，可选用两种方法测温差：一种是使用两支热电偶分别测量两处的温度，然后求算温差；另一种是将两支同型号的热电偶反串连接，直接测量温差电势，然后求算温差，如图 3.26 所示。前一种测量方法的测量精度较后一种测量方法的差，对于要求精确的小温差测量，应采用后一种测量方法。

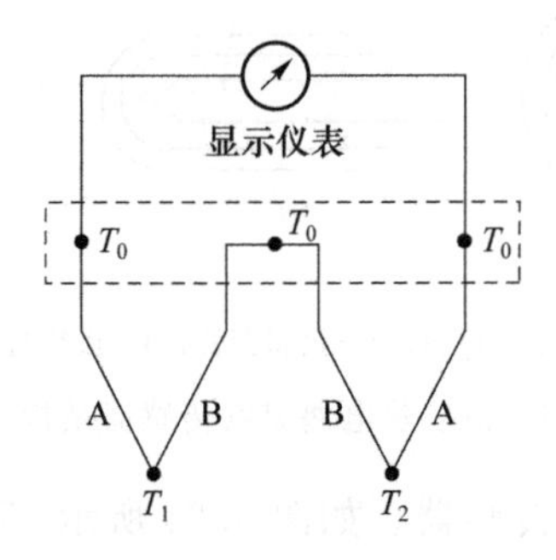

图 3.26　热电偶温度传感器的实际测温电路

3.4　光学传感器

光学传感器是将光信号转换成电信号的器件，它具有反应速度快、检测灵敏度高、可靠性好、抗干扰能力强、结构简单等特点。光学传感器可分为光电传感器、光纤传感器和 CCD(电荷耦合器)传感器三大类。光电传感器是以光为媒介、以光电效应为物理基础的一种能量转换器件。它是应用光敏材料的光电效应制作的无源光敏器件。光纤传感器是利用光纤技术与光学原理,将被测量转换为可用信号输出的器件或装置。它利用发光管或激光管发射出光,光经光导纤维传输到被检测对象,经调制后,光沿着光导纤维反射到光接收器,光接收器则将调制过的光束解调后变为电信号。CCD 是电荷耦合器的简称,它的基本功能是将动态的光学图像转换成电信号,是一种大规模金属氧化物半导体(MOS)集成电路光电器件。CCD 传感器以电荷为信号,具有光电信号转换、存储、转移并读出信号电荷的功能。

下面重点介绍光电传感器和光纤传感器。

3.4.1 光电传感器

1. 光电管

(1) 结构和工作原理

光电管由一个阴极和一个阳极构成,并密封在一支真空玻璃管内,如图 3.27 所示。光电管的阴极用于接受光的照射,它决定了器件的光电特性;阳极由金属丝做成,用于收集电子。

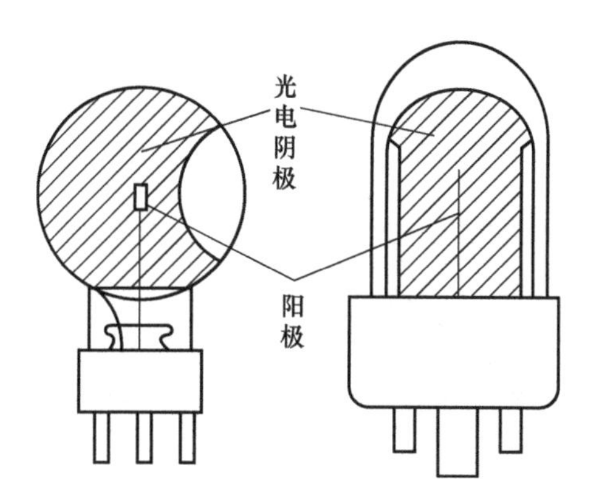

图 3.27　光电管示意图

光电管的工作作理:当阴极受到适当波长的光线照射时,电子克服金属表面对它的束缚而逸出金属表面,形成电子发射。电子被带正电位的阳极所吸引,这样在光电管内就有了电子流,在外电路中便产生了电流。光电管工作时,必须在其阴极与阳极之间加上电势,使阳极的电位高于阴极。光电流的大小与照射在光电管阴极上的光强度成正比。

(2) 基本特性

① 光电管的伏安特性。在一定的光照射下,光电管的阴极所加电压与阳极所产生的电流之间的关系称为光电管的伏安特性。图 3.28 是真空光电管和充气光电管的伏安特性曲线,它是应用光电传感器参数的主要依据。

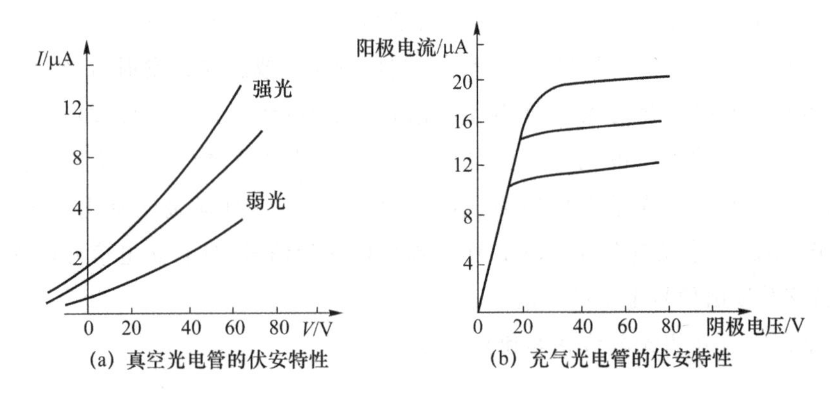

图 3.28　真空光电管和充气光电管的伏安特性

② 光电管的光照特性。当光电管的阳极和阴极之间所加电压一定时，光通量与光电流之间的关系称为光电管的光照特性。如图 3.29 所示，曲线 1 表示氧铯阴极光电管的光照特性，其光电流与光通量呈线性关系；曲线 2 表示锑铯阴极光电管的光照特性，其光电流与光通量呈非线性关系。光照特性曲线的斜率（光电流与入射光光通量之比）称为光电管的灵敏度。

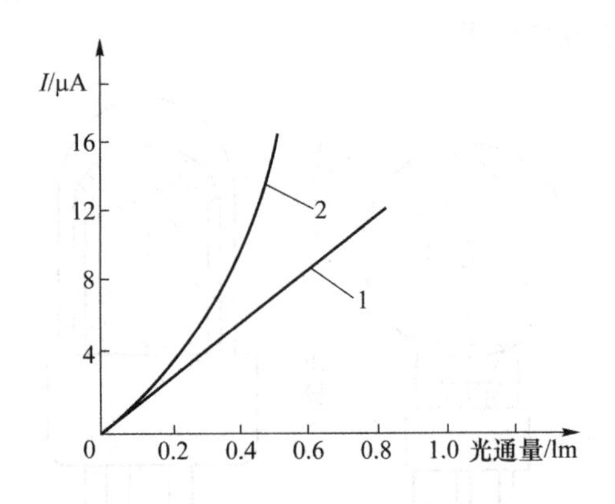

图 3.29　光电管的光照特性

③ 光电管的光谱特性。一般对于阴极材料不同的光电管，它们有不同的红限频率 ν_0，因此它们可用于不同的光谱范围。而且，同一光电管对于不同频率的光的灵敏度不同，这就是光电管的光谱特性。

2. 光电倍增管

（1）结构和原理

光电倍增管是指在光电管的阳极 A 和阴极 K 之间增加若干个（11～14 个）倍增极（二次发射体）来放大光电流。如图 3.30 所示，当入射光很微弱时，普通光电管产生的光电流很小，只有零点几微安，很不容易探测，这时常用光电倍增管对电流进行放大。光电倍增管有放大光电流的作用，灵敏度非常高，信噪比大，线性好，多用于测量微弱信号。

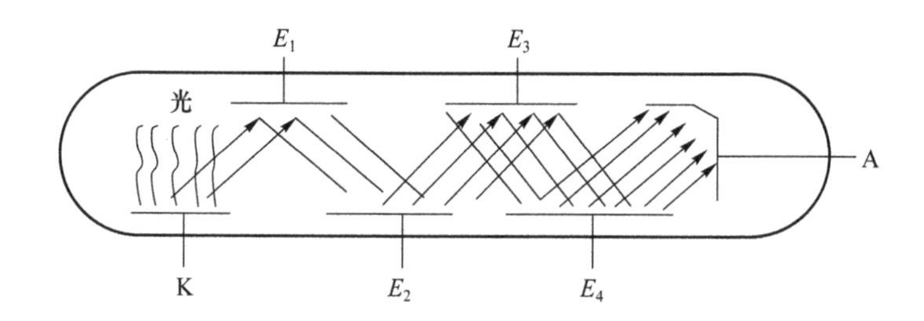

图 3.30　光电倍增管原理图

(2) 主要特性

光电倍增管的实际放大倍数或灵敏度如图 3.31 所示。极间电压越高,灵敏度越高,但极间电压也不能太高,太高会使阳极电流不稳。另外,由于光电倍增管的灵敏度很高,所以不能受强光照射,否则将会损坏。并且光电倍增管的光谱特性与相同材料的光电管的光谱特性很相似。

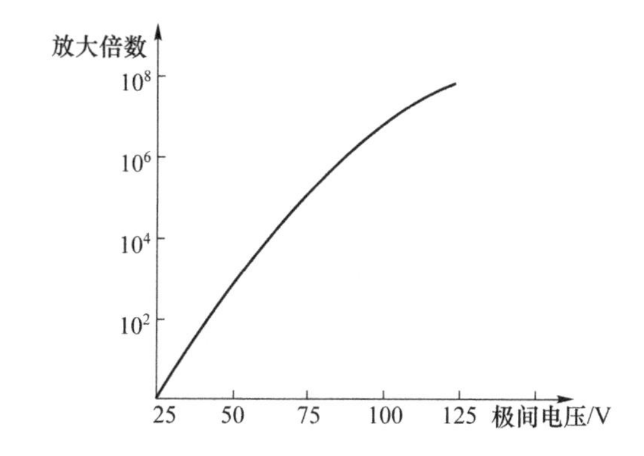

图 3.31　光电倍增管的特性曲线

3. 光敏电阻

(1) 工作原理

光敏电阻是采用半导体材料制成的、利用内光电效应(光电导效应)工作的光电器件,又称光导管。如图 3.32 所示,光敏电阻在光线的作用下,电导率增大,电阻值变小。工作时,在光敏电阻两电极间加上电压,其中便有电流通过。当无光照时,光敏电阻值(暗电阻)很大,电路中的电流很小;当有光照时,由于光电导效应,光敏电阻值(亮电阻)急剧减少,电流迅速增加,电流随着光强的增加而变大,实现了光电转换。

(2) 主要特性

① 暗电阻、亮电阻与光电流

光敏电阻在未受到光照射时的阻值称为暗电阻,此时流过的电流称为暗电流;在受到光照射时的电阻称为亮电阻,此时的电流称为亮电流。亮电流与暗电流之差称为光电流。

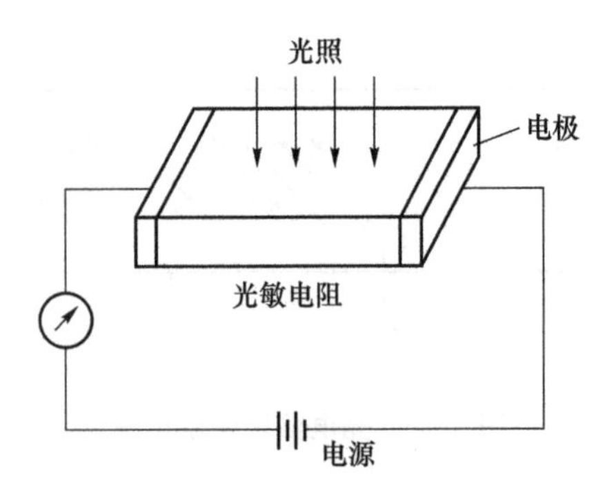

图 3.32　光敏电阻工作原理示意图

② 光敏电阻的伏安特性

如图 3.33 所示，由曲线可知，所加的电压越高，光电流越大，而且没有饱和现象。在给定的电压下，光电流的数值将随光照的增强而增大。

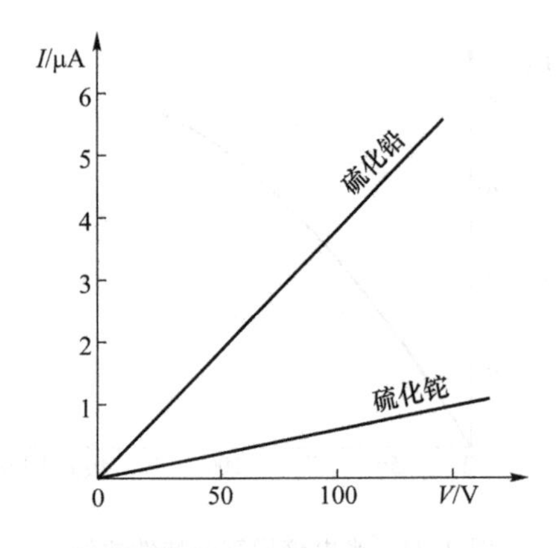

图 3.33　光敏电阻的伏安特性

③ 光敏电阻的光照特性

光敏电阻的光照特性用于描述光电流和光照强度之间的关系，绝大多数光敏电阻的光照特性曲线是非线性的，如图 3.34 所示。不同光敏电阻的光照特性是不相同的。光敏电阻不宜作为线性测量元件，一般用作开关式的光电转换器。

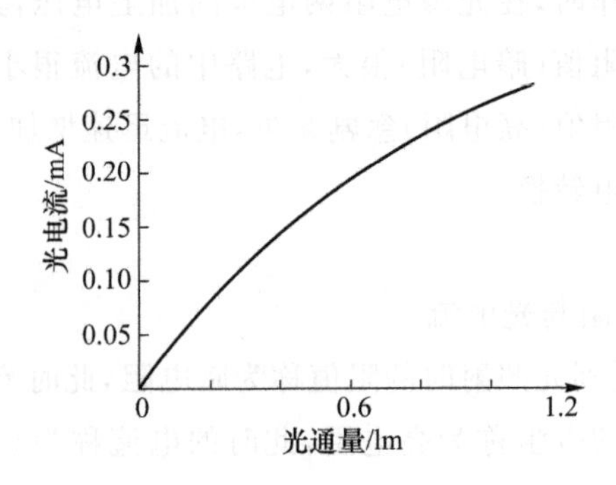

图 3.34　光敏电阻的光照特性曲线

4. 光敏二极管和光敏三极管

(1) 光敏二极管

光敏二极管工作原理如下：光敏二极管工作在反向状态，在无光照时，少数载流子产生的暗电流为 $10^{-8} \sim 10^{-9}$ A，此时它处于截止状态。在有光照时，半导体内受激发产生电子-空穴对，少数载流子浓度大大增加，在反向电压的作用下形成光电流，此时光敏二极管处于导通状态。

(2) 光敏三极管

① 工作原理

光敏三极管工作原理如下：在无光照时，集电结反偏，其反向饱和电流 I_{cbo} 经发射结放大为集射之间的穿透电流 I_{ceo}（暗电流）。在有光照时，集电结附近基区受到光照，产生激发，增加了少数载流子的浓度，这使得集电结反向饱和电流（集电结光电流）大大增加，集电结光光流经发射结放大为集射之间的光电流，即光敏三极管的光电流。

② 基本特性

• 光敏三极管的光谱特性

如图 3.35 所示，从曲线可以看出，光敏三极管存在一个最佳灵敏度的峰值波长。硅的峰值波长为 9 000 Å，锗的峰值波长为 15 000 Å。由于锗管的暗电流比硅管大，因此锗管的性能较差。故在可见光下或探测炽热状态物体时，一般都选用硅管，但对红外线进行探测时，则采用锗管较合适。

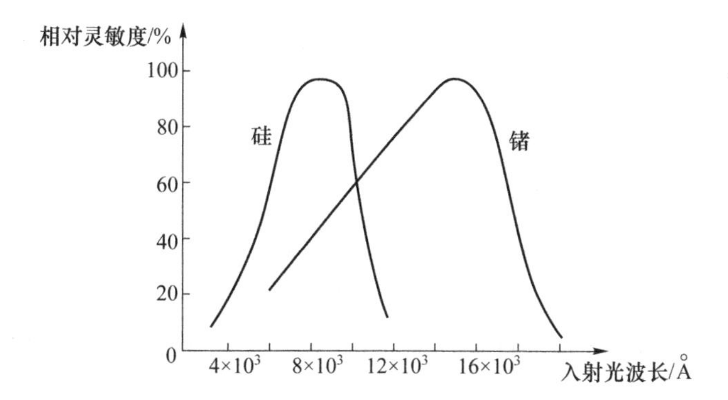

图 3.35　光敏三极管的光谱特性

• 光敏三极管的伏安特性

光敏三极管在不同的照度下的伏安特性就像一般晶体管在不同的基极电流时的输出特性一样，如图 3.36 所示。因此，只要将入射光照在发射极与基极之间的 PN 结附近，并将所产生的光电流看作基极电流，就可将光敏三极管看作为一般的晶体管。光敏三极管能把光信号变成电信号，而且输出的电信号较大。

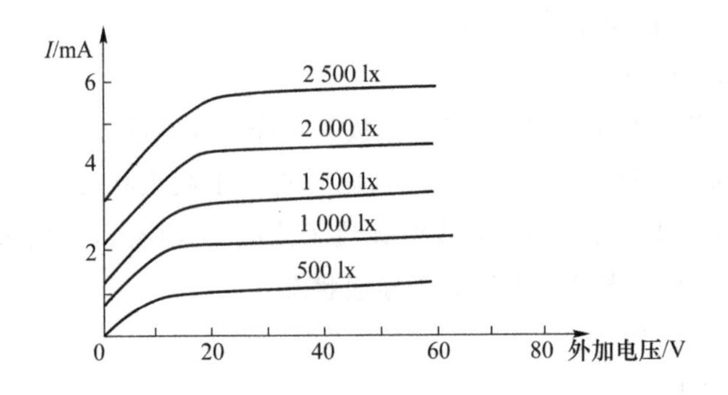

图 3.36 光敏三极管的伏安特性

- 光敏三极管的光照特性

图 3.37 给出了光敏三极管的输出电流和光照度之间的关系，它们之间呈现了近似线性关系。当光照足够大(几千勒克斯)时，光敏三极管的输出电流会出现饱和现象，从而使光敏三极管既可作为线性转换元件，也可作为开关元件。

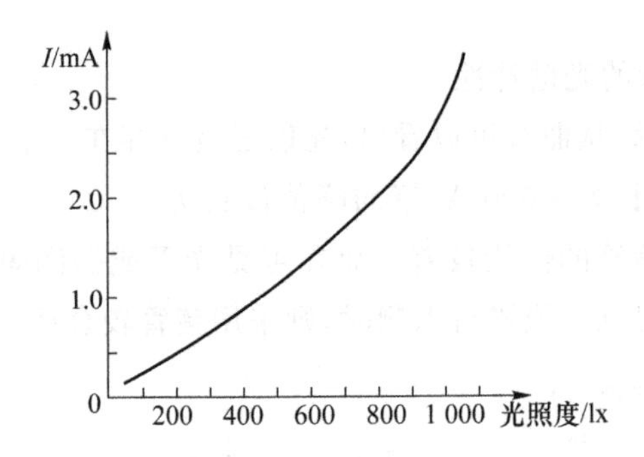

图 3.37 光敏三板管的光照特性

- 光敏三极管的温度特性

光敏三极管的温度特性反映的是光敏三极管的暗电流和光电流与温度的关系，如图 3.38 所示。从特性曲线可以看出，温度变化对光电流的影响很小，而对暗电流的影响很大。所以电子线路中应该对暗电流进行温度补偿，否则将会导致输出误差。

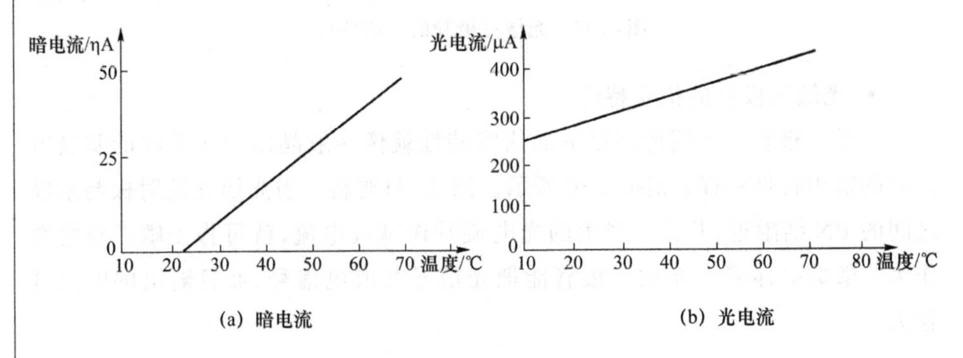

图 3.38 光敏三极管的温度特性

3.4.2　光纤传感器

光纤传感器

1. 光纤的结构、种类和原理

(1) 光纤的结构

光纤通常由纤芯、包层及外套组成。如图 3.39 所示,纤芯处于光纤的中心部位,由玻璃、石英、塑料等材料制成,为圆柱体,直径约为 5～150 μm。围绕的纤芯的那一层称为包层,它的材料是玻璃、塑料等,其折射率小于纤芯。纤芯和包层构成同心圆双层结构,故光纤具有使光功率封闭在里面传输的功能。光纤的外套起到支撑和保护的作用。

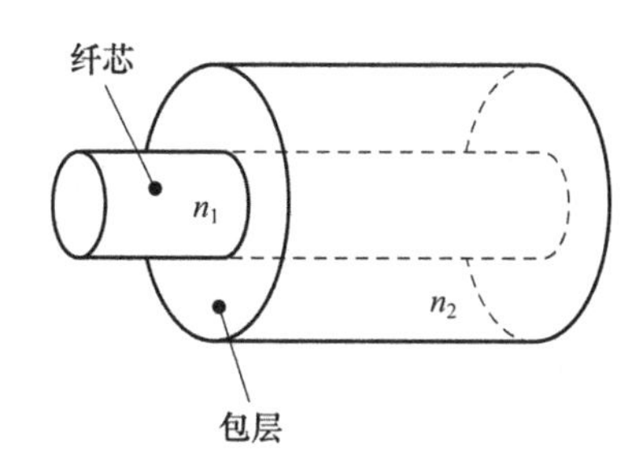

图 3.39　光纤的结构

(2) 光纤的种类

按光纤纤芯折射率分布可以分为阶跃型光纤和渐变型光纤。阶跃型光纤如图 3.40(a)所示,纤芯和包层的折射率都是常数,且呈突变分布。这种光纤的带宽较窄,适用于小容量、短距离传输。纤芯到薄层的折射率变化呈台阶状,在纤芯内,中心光线沿光纤轴向传播,通过轴线的子午光线呈锯齿形轨迹。渐变型光纤如图 3.40(b)所示,这类光纤带宽较宽,适用于中容量、中距离的传输。中心轴的折射率最大,因此光在传播中会自动从折射率小的界面处向中心汇聚,光线传播的轨迹和正弦波曲线类似,这种光纤又称为自聚焦光纤。

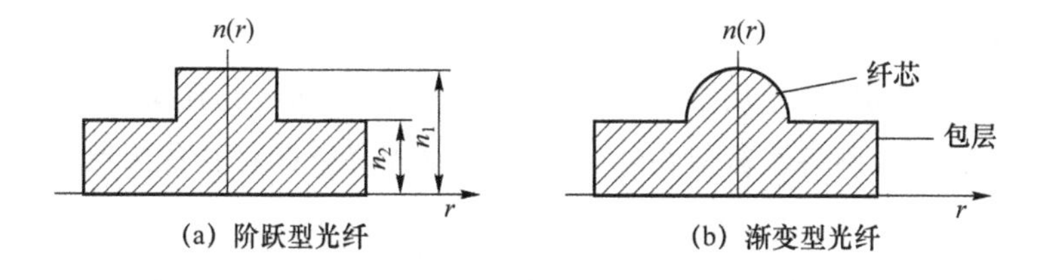

图 3.40　阶跃型光纤和渐变型光纤折射率分布

(3) 光纤的传光原理

光的全反射现象是研究光纤传光原理的基础。依据光的折射和反射的斯涅尔(Snell)定理,当光由光密物质出射至光疏物质时,会发生折射。图 3.41(a)展示的是折射角大于入射角，此时有 $n_1\sin\theta_i = n_2\sin\theta_r$；图 3.41(b)展示的是临界状态，全射角 $\theta_{i_0} = \arcsin(n_2/n_1)$；图 3.41(c)展示的是全反射，图中的$\theta_i > \theta_{i_0}$。

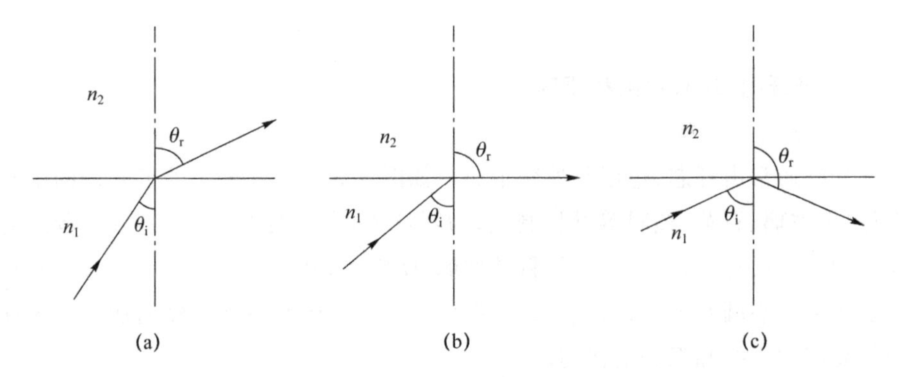

图 3.41　光纤的传光原理

图 3.42 是光纤的导光原理图。设光从空气(折射率为 n_0)射入纤芯(折射率为 n_1)端面，包层的折射率为 n_2。根据斯涅尔定律可得 $n_0\sin\theta_i = n_1\cos(90° - \theta') = n_1\cos\varphi_i$，光在光纤中传输需满足 $n_1\sin\varphi_i \geqslant n_2$，由上述两个关系式可得 $\sin\theta_0 \leqslant \sqrt{n_1^2 - n_2^2}/n_0$，因此，入射角的最大值为 $\theta_{max} = \arcsin(\sqrt{n_1^2 - n_2^2}/n_0)$。

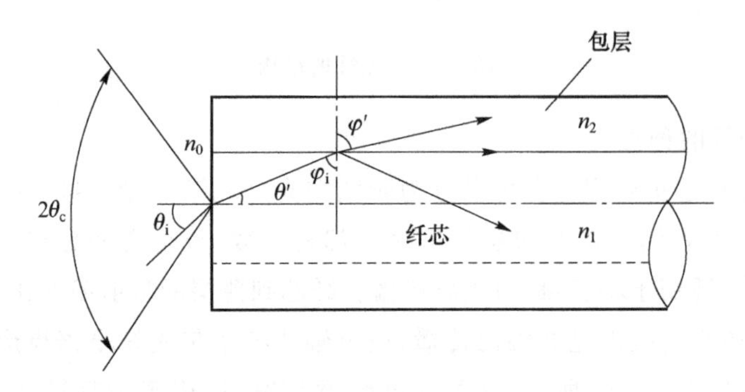

图 3.42　光纤的导光原理图

(4) 光纤的主要参数

① 数值孔径

数值孔径的定义：光从空气入射到光纤输入端面时，处在某一角锥内的光线一旦进入光纤，则将被截留在纤芯中，此光锥半角 θ 的正弦称为数值孔径。

$$NA = \sin\theta_0 = \sqrt{n_1^2 - n_2^2} \tag{3.27}$$

数值孔径 NA 反映了光纤对入射光的接收能力。NA 越大，说明光纤能够使光线全反射的入射角范围越大，即接收能力越强。

② 光纤模式

光纤模式是指光波传播的途径和方式。对于不同入射角度的光线，在界面反射的次数是不同的，传递光波之间的干涉所产生的横向强度分布也是不同的，这就是传播模式不同。在光纤中传播模式很多不利于光信号的传播，因为同一种光信号采取很多模式传播将使一部分光信号分为在多个不同时间到达接收端的小信号，从而导致合成信号的畸变，因此希望光纤信号传播模式数量要少。

③ 传输损耗

光纤传输损耗主要来源于材料吸收损耗、散射损耗和光波导弯曲损耗等。

$$A=-10\lg I/I_0 \tag{3.28}$$

其中，I_0 为入射光强，I 为距光纤入射段 1 km 处的光强。

2. 光纤传感器的工作原理、分类和组成

(1) 光纤传感器的工作原理

光传输的过程中，外界因素（压力、温度、振动、电磁场等）对光纤的作用会引起光纤光波特征参数（如光强、相位、频率、偏振及波长）的变化。如果能测出光波特征参数的变化，就可以得到被测量的大小。

(2) 光纤传感器的分类

光纤传感器可以分为两大类：一类是功能型（传感型）传感器；另一类是非功能型（传光型）传感器。

功能型传感器利用光纤本身的特性，把光纤作为敏感元件，被测量对光纤内传输的光进行调制，使传输的光的强度、相位、频率或偏振态等特性发生变化，然后传感器通过对被调制过的信号进行解调，从而得出被测信号。非功能型传感器利用其他敏感元件感受被测量的变化，光纤仅作为信息的传输介质。

(3) 光纤传感器的组成

光纤传感器主要由光源、光纤耦合器、光探测器、光纤等几个基本部分组成。

① 光源。为了保证光纤传感器的性能，对光源的特性和结构有一定的要求。一般要求光源的体积尽量小，以便于它与光纤耦合。

② 光纤耦合器。光纤耦合器主要是将光源射出的光束分别耦合进两根以上的光纤，这种分束及耦合的过程采用光纤耦合器完成。同理，将两束光纤的出射光同时耦合进探测器也是由光纤耦合器完成的。

③ 光探测器。光探测器的作用是把传送到接收端的光信号转换成电信号，即将电信号“解调”出来，然后对电信号进行放大和处理。它的性能既影响被测物理量的变换准确度，又关系到光探测接收系统的质量。

3. 光纤传感器的应用

(1) 光纤加速度传感器

光纤加速度传感器的结构简图如图 3.43 所示。它是一种简谐振子的结构形式。激光束通过分光板后分为两束光，透射光作为参考光束，反射光作为测量光束。当传感器感受加速度时，质量块对光纤的作用使光纤被拉伸，从而引起光程差的改变。相位改变的激光束(由单模光纤射出)与参考光束会合,产生干涉效应。激光干涉仪的干涉条纹的移动可以由光电接收装置测量并转换为电信号,该电信号经过处理电路处理后便可正确地测出加速度。

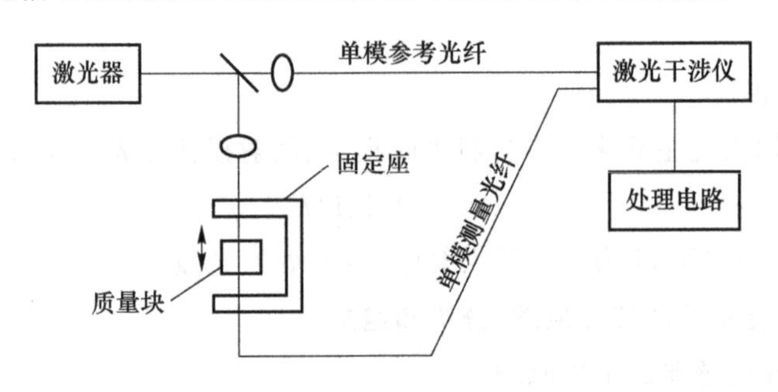

图 3.43　光纤加速度传感器的结构简图

(2) 光纤温度传感器

光纤温度传感器利用的是多数半导体的能带随温度升高而减小的特性,图3.44是光纤温度传感器的结构简图。材料的吸收光波长将随温度的增加而向长波方向移动,如果适当地选定一种波长在该材料工作范围内的光源,那么就可以使透射过半导体材料的光强随温度变化而变化,从而达到测温的目的。

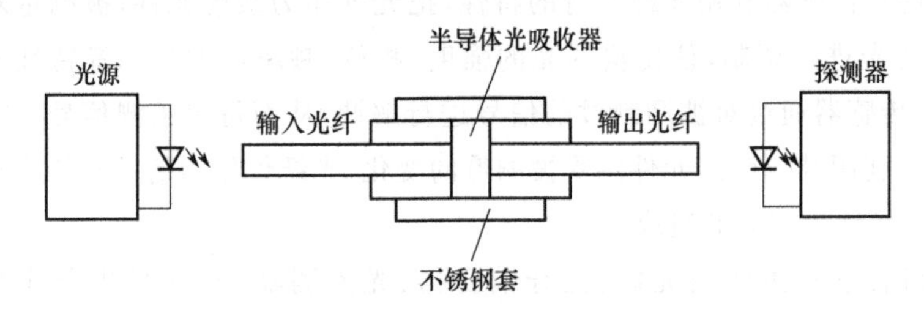

图 3.44　光纤温度传感器的结构简图

3.5　磁学传感器

磁学传感器

磁学传感器是通过磁电作用将被测量(如振动、位移、转速等)转换成电信号的一种传感器。本章主要介绍磁电感应式传感器和霍尔式传感器。

3.5.1　磁电感应式传感器

磁电感应式传感器是利用电磁感应原理,将被测量(如振动、位移、转速等)转换成电信号的一种传感器。它利用的是导体和磁场发生相对运动时会在导体两端输出感应电动势的特性，是一种机-电能量变换型传感器，不需要供电电源，电路简单，性能稳定，输出阻抗小，又具有一定的频率响应范围（一般为 10～1 000 Hz），已得到普遍应用。

根据电磁感应定律，当导体在稳恒均匀磁场中，沿垂直磁场方向运动时，导体内产生的感应电势为

$$e = \left|\frac{\mathrm{d}\varphi}{\mathrm{d}t}\right| = Bt\,\frac{\mathrm{d}x}{\mathrm{d}t} = Blv \tag{3.29}$$

其中，B 为稳恒均匀磁场的磁感应强度；l 为导体有效长度；v 为导体相对磁场的运动速度。

当一个 W 匝线圈相对静止地处于随时间变化的磁场中时，设穿过线圈的磁通为 ϕ，则线圈内的感应电势 e 与磁通变化率 $\mathrm{d}\phi/\mathrm{d}t$ 有如下关系：

$$e = -W\,\frac{\mathrm{d}\phi}{\mathrm{d}t} \tag{3.30}$$

由式（3.30）可知，线圈感应电动势 e 的大小取决于线圈匝数和穿过线圈磁通量的变化率。而磁通量的变化率又与所加的磁场强度、磁路磁阻以及线圈相对于磁场的运动速度有关，改变上述任意一个参数，均会导致线圈产生的感应电动势发生变化，从而也可以得到相应的不同结构形式的磁电感应式传感器。磁电感应式传感器一般可以分为动圈式、动磁铁式和磁阻式三类。其中动圈式传感器的结构如图 3.45 所示，当弹簧感应到一个速度时，线圈在磁场中做直线运动，从而切割磁力线，因此它所产生的感应电动势为

$$e = WBlv_y \tag{3.31}$$

其中，B 为磁场的磁感应强度（单位为 T）；l 为单匝线圈的有效长度；W 为有效线圈的匝数，即均匀磁场内参与切割磁力线的线圈匝数；v_y 为敏感轴（y 轴）方向相对于磁场的速度（单位为 m/s）。当传感器的结构参数（B、l、W）选定时，感应电动势 e 的大小正比于线圈运动速度 v_y，因为直接可以测到线圈的运动速度，故这种传感器亦称为速度传感器。

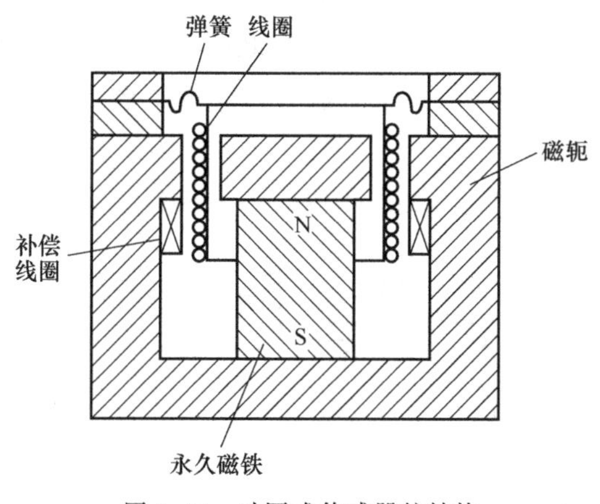

图 3.45　动圈式传感器的结构

3.5.2 霍尔式传感器

霍尔式传感器是基于霍尔效应将被测量(如电流、磁场、位移、压力、压差、转速等)转换成电动势输出的一种传感器。它具有结构简单、体积小、坚固、频率响应宽(从直流到微波)、动态范围(输出电动势的变化)大、使用寿命长、可靠性高、易于微型化和集成化等优点,正越来越受到人们的重视。

1. 霍尔元件的结构和基本电路

(1) 霍尔元件的结构

霍尔元件的结构是简单的四端子结构。霍尔元件由霍尔片、四根引线和壳体组成,如图 3.46(a)所示。霍尔片是一块矩形半导体单晶薄片,引出四根引线。1、1′两根引线加激励电压或电流,称为激励电极(控制电极);2、2′引线为霍尔输出引线,称为霍尔电极。霍尔元件的壳体是用非导磁金属、陶瓷或环氧树脂封装的。在电路中,霍尔元件一般可用两种符号表示,如图 3.46(b)所示。

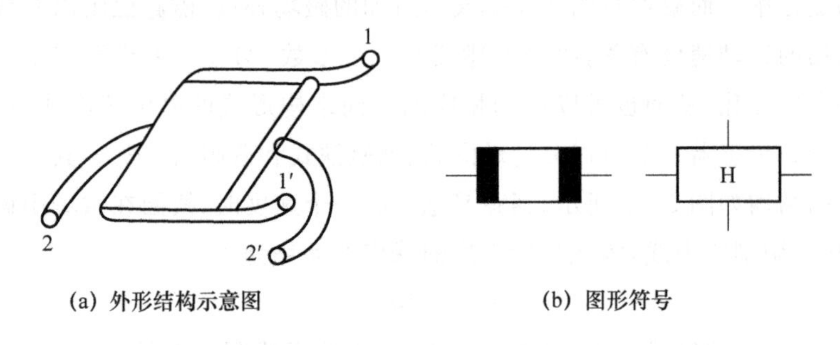

(a) 外形结构示意图　　(b) 图形符号

图 3.46　霍尔元件结构示意图

(2) 基本电路

图 3.47 是霍尔器件的基本电路图,图中 I 为控制电流(由电源 E 供给),R 为调节电阻,V 为控制电压,U_H 为霍尔电势,I_H 为霍尔电流。霍尔输出端接负载 R_L,R_L 可以是一般电阻或放大器的输入电阻或表头内阻等。磁场 B 垂直通过霍尔器件,在磁场与控制电流作用下,负载获得电压。实际使用时,器件输入信号可以是 I 或 B,或者 IB,而输出信号可以正比于 I 或 B,或者正比于其乘积 IB。

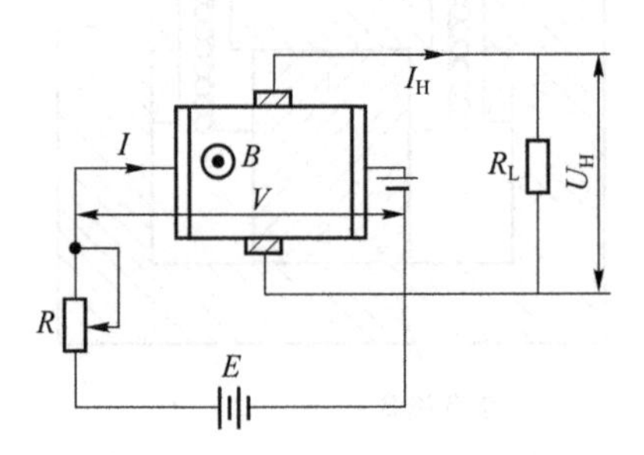

图 3.47　霍尔器件的基本电路图

2. 霍尔式传感器的应用

(1) 霍尔开关传感器

霍尔开关传感器是利用霍尔效应与集成电路技术而制成的一种磁敏传感器,它能感知一切与磁信息有关的物理量,并以开关信号形式输出。霍尔开关传感器具有使用寿命长、无触点磨损、无火花干扰、无转换抖动、工作频率高、温度特性好、能适应恶劣环境等优点。如图 3.48 所示,霍尔开关传感器由稳压电路、霍尔元件、放大器、整形电路、开路输出五部分组成。稳压电路可使传感器在较宽的电源电压范围内工作;开路输出可使传感器方便地与各种逻辑电路对接。

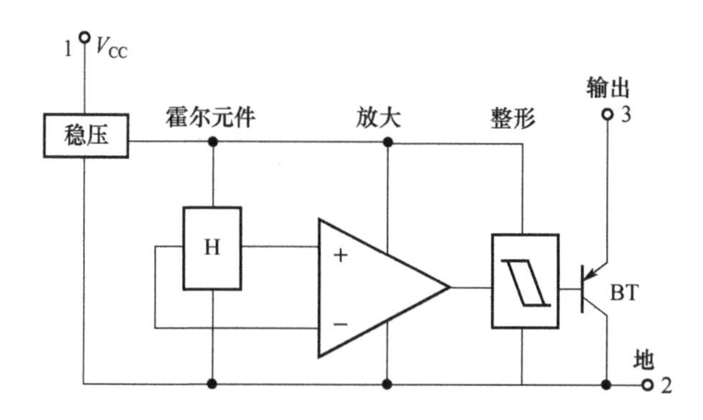

图 3.48　霍尔开关传感器内部结构框图

(2) 霍尔线性传感器

霍尔线性传感器的输出电压与外加磁场成线性比例关系。这类传感器一般由霍尔元件和放大器组成,当外加磁场时,霍尔元件产生与磁场成线性比例变化的霍尔电压,该电压经放大器放大后输出。在实际电路设计中,为了提高传感器的性能,往往在电路中设置稳压、电流放大输出级、失调调整和线性度调整等电路。霍尔开关传感器的输出只有低电平或高电平两种状态,而霍尔线性传感器的输出是对外加磁场的线性感应,因此霍尔线性传感器广泛用于位置、力、重量、厚度、速度、磁场、电流等的测量或控制。

霍尔线性传感器有单端输出和双端输出两种。如图 3.49 所示,单端输出的传感器是一个三端器件,它的输出电压对外加磁场的微小变化能做出线性响应,通常将输出电压用电容连接到外接放大器,将输出电压放大到较高的电平。如图 3.50 所示,双端输出的传感器是一个 8 脚双列直插封装的器件,它可提供差动射极跟随输出,还可提供输出失调调零。

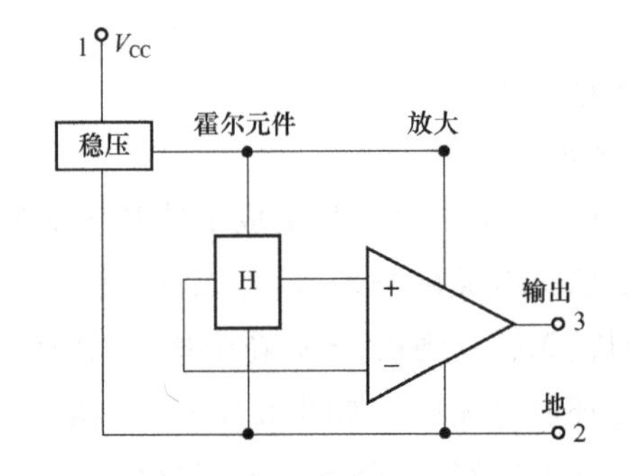

图 3.49　单端输出传感器的电路结构框图

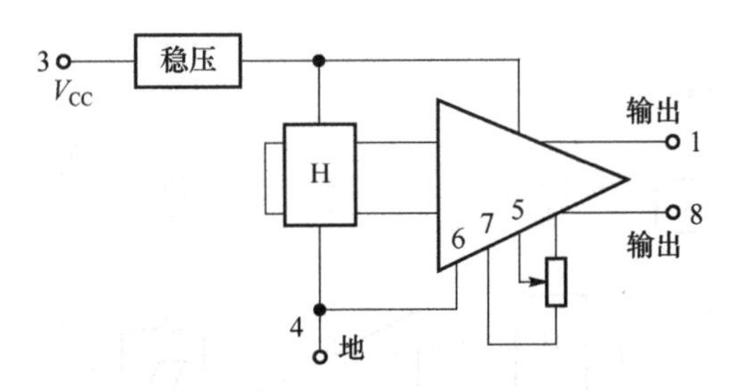

图 3.50　双端输出传感器的电路结构框图

3.6　声学传感器

3.6.1　超声波传感器

1. 超声波的基本原理

(1) 超声波的频率

振动在弹性介质内的传播称为波动，简称波。频率在 20 Hz～20 kHz 之间，人耳所能听到的机械波称为声波；低于 20 Hz 的机械波称为次声波；高于 20 kHz的机械波称为超声波。声波频率的界限划分如图 3.51 所示。当超声波由一种介质入射到另一种介质时，由于在两种介质中传播速度不同，因此在介质表面会产生反射、折射和波形转换等现象。

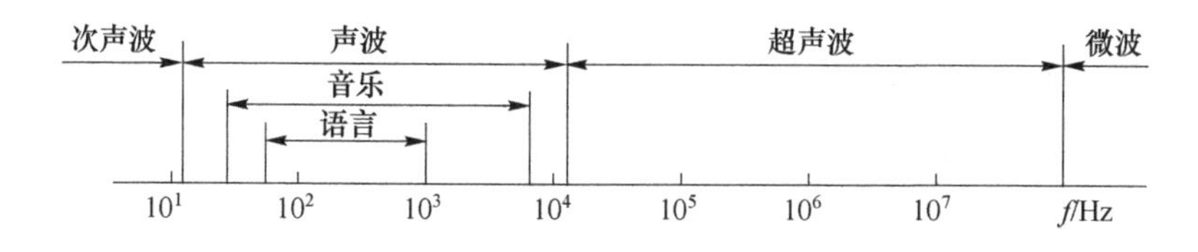

图3.51　声波频率的界限划分

(2) 超声波的波形

由于声源在介质中的施力方向与波在介质中的传播方向不同,因此声波的波形也不同。超声波的波形通常有以下几种。

① 纵波:质点振动方向与波的传播方向一致的波。

② 横波:质点振动方向垂直于传播方向的波。

③ 表面波:质点的振动介于横波与纵波之间,沿着表面传播的波。

横波只能在固体中传播,纵波能在固体、液体和气体中传播,而表面波随深度的增加衰减很快。为了测量各种状态下的物理量,多采用纵波。

(3) 超声波的反射和折射

超声波从一种介质传播到另一介质时,在两个介质的分界面上一部分被反射回原介质,这部分称为反射波;另一部分透射过界面,在另一种介质内部继续传播,这部分称为折射波。这样的两种情况分别称之为声波的反射和折射,如图3.52所示。

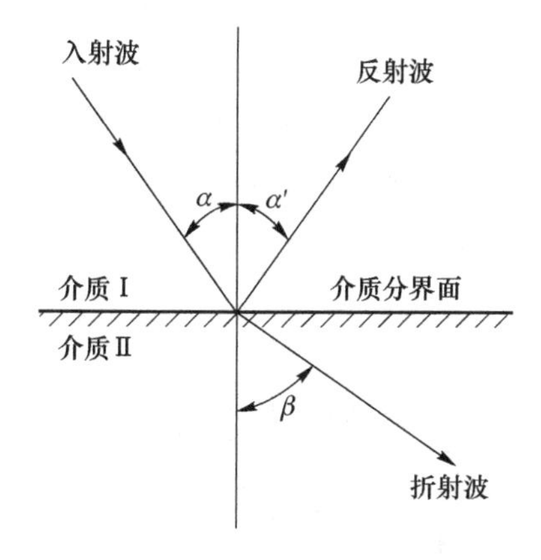

图3.52　超声波的反射和折射

① 反射定律

入射角 α 的正弦与反射角 α' 的正弦之比等于波速之比。当入射波和反射波的波形相同、波速相等时,入射角 α 等于反射角 α'。

② 折射定律

入射角 α 的正弦与折射角 β 的正弦之比等于超声波在入射波所处介质中的波速 c_1 与在折射波所处介质中的波速 c_2 之比,即

$$\sin\alpha/\sin\beta = c_1/c_2 \tag{3.32}$$

(4) 超声波的衰减

超声波在介质中传播时,随着传播距离的增加,能量逐渐衰减。其声压和声强的衰减规律为

$$P = P_0 e^{-\alpha x} \tag{3.33}$$

$$I = I_0 e^{-2\alpha x} \tag{3.34}$$

式中 P、I 为距声源 x 处的声压和声强;x 为声波与声源间的距离;α 为衰减系数,单位为 Np/cm(奈培/厘米)。

超声波在介质中传播时,随着传播距离的增加,能量逐渐衰减,其衰减的程度与超声波的扩散、散射及吸收等因素有关。在理想介质中,超声波的衰减仅来自超声波的扩散,即随超声波传播距离增加而引起声能的减弱。散射衰减是指固体介质中的颗粒界面或流体介质中的悬浮粒子使声波散射。吸收衰减是由介质的导热性、黏滞性及弹性滞后造成的,介质吸收声能并转换为热能。

2. 超声波探头

利用超声波在超声场中的物理特性和各种效应而研制的装置可称为超声波换能器、超声波探测器或超声波传感器。超声波探头按其工作原理可以分为压电式、磁致伸缩式、电磁式等,其中压电式探头最为常用。如果按照其结构不同,超声波探头又可分为直探头、斜探头、双探头、表面波探头、聚焦探头、冲水探头、水浸探头、空气传导探头以及其他专用探头等。

图 3.53 是压电式超声波探头的结构图,压电式超声波探头主要由压电晶片,吸收块(阻尼块),保护膜等组成。压电晶片多为圆形板,厚度为 δ。超声波频率 f 与其厚度 δ 成反比。压片晶体的两面镀有银层,作为导电的极板。吸收块的作用是降低晶片的机械品质,吸收声能量。如果没有阻尼块,当激励的电脉冲信号停止时,晶片将会继续振荡,加长超声波的脉冲宽度,使分辨率变差。

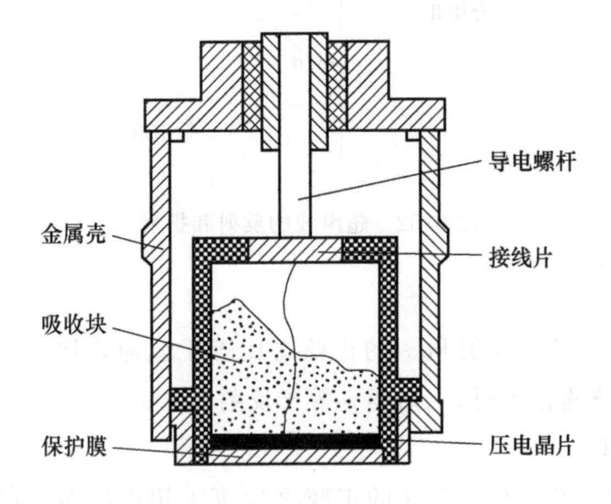

图 3.53　压电式超声波探头的结构图

3. 超声波传感器的应用

(1) 超声波测厚传感器

图 3.54 是超声波测厚传感器的结构图。超声波测厚传感器常用脉冲回波法来测量被测量。声波探头与被测物体表面接触,主控制器产生一定频率的脉冲信号,将其送往发射电路,该脉冲信号经电流放大后激励压电式探头,以产生重复的超声波脉冲。超声波脉冲传到被测工件另一面并被反射回来,被同一探头接收。如果超声波在工件中的声速 v 是已知的,工件厚度为 δ,超声波脉冲从发射到接收的时间间隔 t 可以测量,因此可求出工件厚度为

$$\delta = vt/2 \tag{3.35}$$

从显示器上可直接观察发射的脉冲和回波反射的脉冲,并求出时间间隔 t,也可用稳频晶振产生的时间标准信号来测量时间间隔 t,从而做成厚度数字显示仪表。

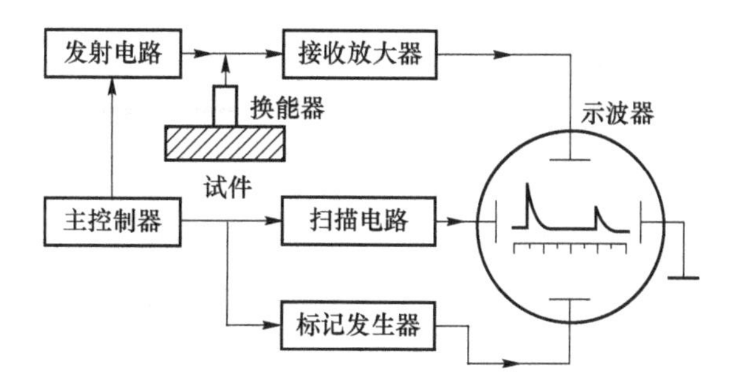

图 3.54　超声波测厚传感器的结构图

(2) 超声波物位传感器

超声波物位传感器是利用超声波在两种介质分界面上的反射特性而制成的。如果从发射超声波脉冲开始,到接收换能器(IDT)接收到反射波为止的这个时间间隔为已知,就可以求出分界面的位置,利用这种方法可以对物位进行测量。

超声波位移传感器是主要的一种超声波物位传感器。图 3.55 为几种超声波位移传感器的结构示意图。超声波发射和接收换能器可设置在液体中,让超声波在液体中传播。由于超声波在液体中衰减比较小,因此即使发生的超声波幅度较小也可以传播。超声波发射和接收换能器也可以安装在液面的上方,让超声波在空气中传播,这种方式便于安装和维修,但超声波在空气中的衰减比较厉害。对于单换能器来说,超声波从发射到液面,又从液面反射到换能器的时间为

$$t = \frac{2h}{v} \tag{3.36}$$

其中,h 为换能器距页面的距离;v 为超声波在介质中的传播速度。

对于双换能器来说,超声波从发射到接收经过的路程为 $2s$,s 为超声波反

射点到换能器的距离。

$$s=\frac{vt}{2} \tag{3.37}$$

因此,液面高度为

$$h=\frac{\sqrt{s^2-a^2}}{2} \tag{3.38}$$

其中,a 为两个换能器间的距离。

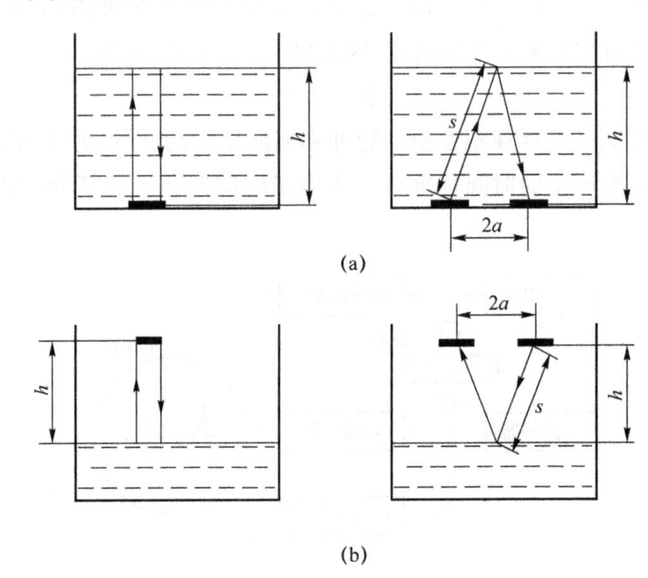

图 3.55　几种超声波位移传感器结构示意图

3.6.2　声表面波传感器

声表面波简称 SAW(Surface Acoustic Wave),是一种沿弹性基体表面传播的声波,任何固体表面都存在这种现象。某些外界因素(如温度、压力、加速度、磁场、电压等)对 SAW 的传播参数会造成影响,根据这些影响与外界因素之间的关系可以研制出测量各种物理参数、化学参数的 SAW 传感器。SAW 传感器是结合 SAW 技术、电路技术、薄膜技术设计的器件,由 SAW 换能器、电子放大器和 SAW 基片及 SAW 基片的敏感区构成,采用瑞利波进行工作。

1. SAW 传感器的结构和原理

(1) SAW 换能器

如图 3.56 所示,IDT 是用蒸发或溅射等方法在压电基片表面淀积一层金属膜,再用光刻方法形成的叉指状薄膜,它是产生和接收声表面波的装置。

图 3.56　SAW 换能器示意图

如图 3.57 所示，当电压加到叉指电极上时，由 IDT 激励的声表面波沿基片表面传播。当基片或基片上覆盖的敏感材料薄膜受到被测量调制时，声表面波的频率将改变，并会由接收叉指电极测得。

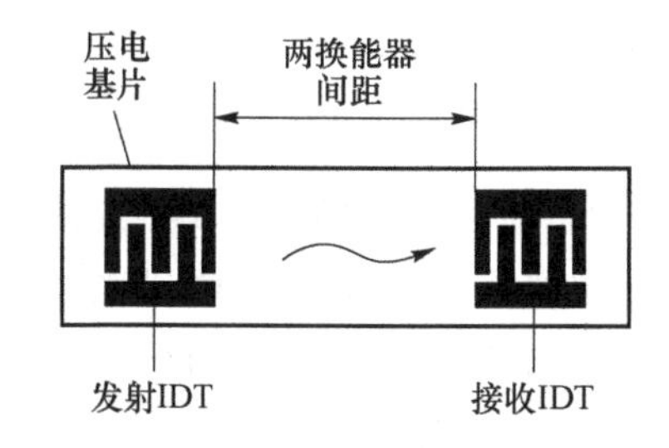

图 3.57　SAW 传播示意图

(2) 敏感基片

敏感基片主要采用石英、铌酸锂($LiNbO_3$)等压电单晶材料制成。当敏感基片受到物理、化学或机械量扰动作用时，其振荡频率会发生变化。通过适当的结构设计和理论计算，能使它仅对某一被测量有响应，并将其转换成频率量。

(3) SAW 振荡器

SAW 传感器的关键是 SAW 振荡器，它由压电材料基片和沉积在基片上的具有不同功能的叉指换能器组成，有延迟线型和谐振器型两种振荡器。如图 3.58 所示，谐振器型 SAW 振荡器由 SAW 谐振器和放大电路组成。单端对谐振器的 IDT 既是发射端，也是接收端；双端对谐振器中的一个 IDT 作为发射端，另一个 IDT 作为接收端。将 SAW 谐振器的输出信号经放大后正反馈到输入端，只要放大器的增益能够补偿谐振器及其导线的损耗，同时又满足一定的相位条件，谐振器就可以起振并维持振荡状态。

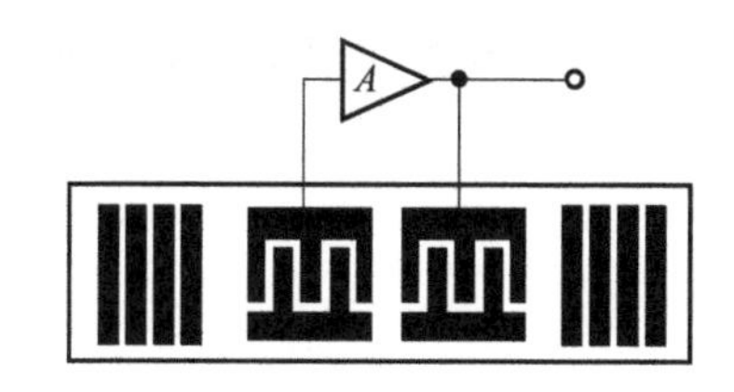

图 3.58　谐振器型 SAW 振荡器示意图

当在压电基片上设置两个 IDT(一个为发射 IDT,另一个为接收 IDT)时,SAW 会在两个 IDT 中心距之间产生时间延迟,这个延迟称为 SAW 延迟线。如图 3.59 所示,延迟线型 SAW 振荡器由声表面波延迟线和放大电路组成。输入换能器 T_1 激发出声表面波,其传播到换能器 T_2 后转换成电信号,经放大后反馈到换能器 T_1,以保持振荡状态。

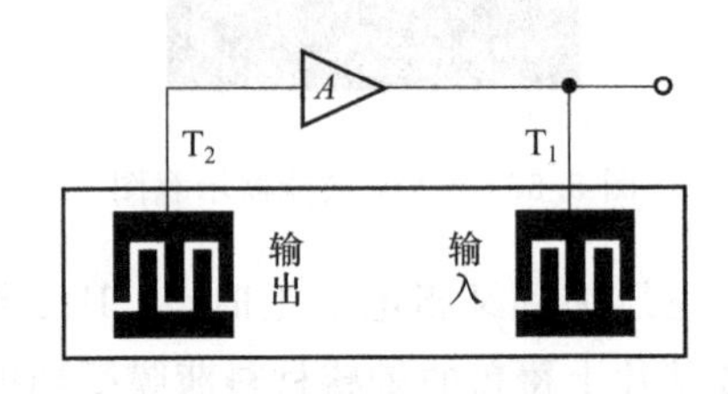

图 3.59　延迟线型 SAW 振荡器示意图

2. SAW 传感器的应用

(1) SAW 压力传感器

SAW 谐振式力学量传感器包括 SAW 压力传感器和 SAW 加速度传感器,该类传感器在基底压电材料受到外界作用力时,谐振器的结构尺寸、压电材料的密度、弹性系数等发生变化,从而导致 SAW 的波长、频率和传播速度等发生变化。通过测量 SAW 压力传感器的频率变化可以得知压力的大小。如图 3.60 所示,SAW 压力传感器由 SAW 振荡器、敏感膜片、基底等组成。

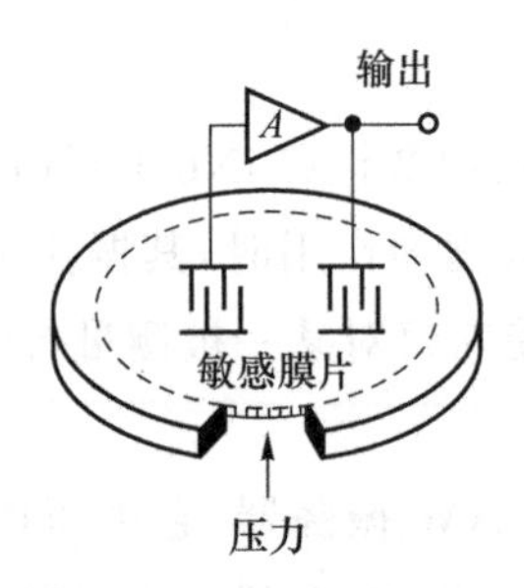

图 3.60　SAW 压力传感器的结构图

(2) SAW 气体传感器

如图 3.61 所示,SAW 气体传感器在 SAW 传播路径上和 IDT 区域淀积一层化学界面膜,当界面膜吸附被测气体后会引起 SAW 传播频率变化,可以通过测量 SAW 频率的变化测量气体浓度。已经开发出来的 SAW 气体传感器有 SO_2、水蒸气、丙酮、甲醇、氢气、H_2S、NO_2 等传感器。通常使用 SAW 气体传感器对化学毒剂进行检测。

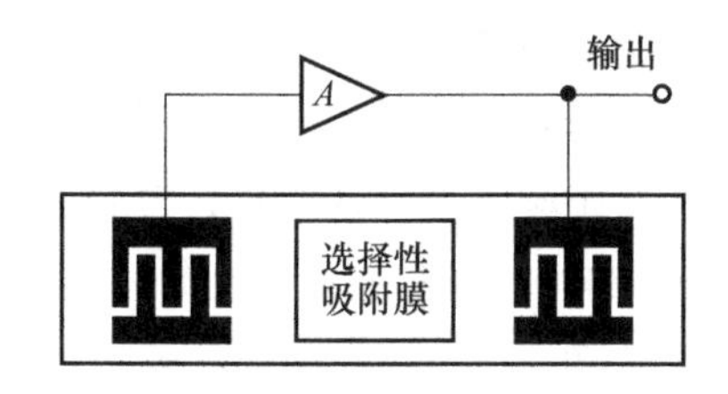

图 3.61　SAW 气体传感器的结构图

(3) SAW 温度传感器

当温度变化时，SAW 振荡器的振荡频率会发生变化，从而可以制成 SAW 温度传感器。SAW 温度传感器具有长期稳定性，灵敏度很高，可测量出 $10^{-4}\sim10^{-6}$℃ 的微小温度变化。SAW 温度传感器可以用于气象测温、粮仓测温、火灾报警等。

习　　题

3.1　如何用电阻应变片构成应变式传感器？对其各组成部分有何要求？

3.2　现选用栅长为 10 mm 的应变计检测弹性模量 $E=2\times10^{11}$ N/m^2、密度 $\rho=7.8$ g/cm^3 的钢构件承受谐振力作用下的应变，要求测量精度不低于 0.5%。试确定构件的最大应变频率限。

3.3　压电式传感器更适用于静态测量，此观点是否正确？分析原因。

3.4　压电式传感器的前置放大器的作用是什么？电压式放大器有何特点？

3.5　热电阻温度传感器有哪些主要优点？

3.6　采用热电阻温度传感器测量温度时，常用的引线方式主要有哪几种？试述这几种引线方式各自的特点及适用场合。

3.7　热电偶温度传感器测温时，为什么要进行冷端温度补偿？常用的补偿方法有哪些？

3.8　请简单阐述一下热电偶温度传感器与热电阻温度传感器的异同。

3.9　光电效应可分为哪三种类型？简单说明其原理并分别列出以之为基础的光电传感器。

3.10　光导纤维导光的原理是什么？按其传输模式可分为哪两种类型？并分别指出对应类型光纤传感器的典型光源。

3.11　光纤传感器的主要优点是什么？求 $n_1=1.46$，$n_2=1.45$ 的阶跃型光纤的数值孔径值。如果外部介质为空气($n_0=1$)，求光纤的最大入射角。

3.12　简述变磁通式和恒磁通式磁电传感器的工作原理。

3.13　霍尔电动势与哪些因素有关？如何提高霍尔式传感器的灵敏度？

3.14　(1) 制作霍尔元件应采用什么材料？为什么？

(2) 为何霍尔元件都比较薄，而且长宽比一般为 2∶1？

(3) 某霍尔元件的尺寸为 1.0 cm× 0.35 cm×0.1 cm，当方向通以电流 I=1.0 mA，在垂直电流和霍尔元件组成的平面方向上加有均匀磁场 B=0.3 T，传感器的灵敏系数为22 V/(A·T)，试求其霍尔电势及载流子浓度。

3.15　简述超声波传感器的工作原理并举例说明超声波传感器的具体应用。

3.16　简述声表面波传感器的工作原理与结构形式。

第 4 章　化学量传感器

4.1　化学量传感器概述

化学量传感器以各种化学物质(电解质、化学物、分子、离子等)为检测参数,利用一定的化学反应,并通过一些装置将这些化学参量的状态或变化转化为电信号输出,这些装置主要包括接收器和换能器。接收器具有化学敏感层的识别结构,换能器是可以进行信号转换的物理装置。

随着化学量传感器的不断发展,该类传感器成为工业生产中常用的分析技术和手段。

4.1.1　化学量传感器的构成与分类

随着物理传感技术的快速发展,化学量传感器的信号由单纯的电信号延伸到光信号、热信号等多个领域。化学量传感器主要由化学物质敏感层和物理信号转换元件结合而成,化学物质敏感层负责对各种化学物质或化学试剂产生的刺激做出反应,物理信号转换元件则负责将这种相互作用转换为有用电信号。待测的相关化学物质与化学敏感层发生作用,物理信号转换元件再将其转换为电信号,电信号经过一系列信号放大等电路结构,最终得到响应的传感器信号。根据所用信号转换技术的不同,化学量传感器可以分为电化学传感器、光化学传感器和热化学传感器等。

1. 电化学传感器

电化学传感器是将分析对象的化学信号转换成电信号的传感装置,第一个化学量传感器是用于测量氢离子浓度的玻璃 pH 电极,在这之后的发展过程中,人们对于化学量传感器的研究集中在将化学信息直接以电信号的形式表现出来。目前被人们了解并且有所应用的电化学传感器有电量传感器、离子选择传感器、固体电解质传感器等。表 4.1 为电化学传感器的分类。

光化学传感器

2. 光化学传感器

光学传感器是建立在电磁辐射与物质相互作用的基础上的一种传感器设备，可以通过测量某些光学性质的变化来检测和确定物理或化学参数。该类型传感器包含了光源、光接收机以及反应池等，此外，还需要在平面集成光学元件（光源、波导、探测器等）。光化学传感器比较典型的有光学离子传感器、红外光学气体传感器、激光气体传感器和辐射传感器、低能离子流传感器和光纤化学传感器等。这里以光纤化学传感器为例，光纤化学传感器使用化学试剂来改变由光纤波导反射、吸收或传输的光的数量或波长。典型的光纤化学传感器包含三个部分：入射（导频）光源、光电探测器和传感器（探测器）。它是含有受分析物影响光学性质的试剂相膜或指示剂的光放大器，主要利用了光传输特性，使传感器的结构更加灵活、牢固和抗干扰能力更好。光纤化学传感器的特点主要有：一是具有全反射传输信号；二是具有红外至紫外光区的传输范围。表 4.2 为光化学传感器的分类。

表 4.1　电化学传感器分类

型式	分类	材料	检测对象	优势和不足
电化学	定点位电解	气体扩散电极、电解质水溶液	SO_2、NO、CO、H_2S、HCl、Cl_2、NO_2	优势为可检测的气体品种多，功耗小，选择性好；不足是结构复杂，寿命短，信号处理复杂，成本高
	电量（电解电流）	贵金属正负极、电解质水溶液聚四氟乙烯薄膜	H_2S、NH_3、Cl_2	
	离子电极（电极电位）	离子选择电极、电解质水溶液聚四氟乙烯薄膜	H_2S、SO_2、Cl_2、CO_2	
	固体电解质	固体电解质	SO_2、CO_2，卤素气体	

表 4.2　光化学传感器分类

型式	分类	检测标准	检测对象	优势和不足
光化学	光干涉式	折射率	所有气体	优势为精度高，选择性好，寿命长；不足为工艺不成熟，信号处理复杂，装置体积大，成本高
	红外线吸收式	进光量	SO_2、NO_2、CO、CO_2 等气体	
	紫外线吸收式	进光量	被紫外光谱吸收的气体	

3. 热化学传感器

热化学转换本质上是一种通用方法，基于一种常见的化学反应，即通过放热反应会产生热量。化学反应的热效应由放热反应的标准焓表示（标准焓表示在常温常压下，一摩尔反应物被化学反应转化时系统能量的变化）。催化反应特别适合于化学量传感器的应用，因为大量的反应物可以在一个小的催化反应器中转化，从而产生局部的温度变化。这种效应可以用温度传感器来量化。在稳定状态条件下，根据传感器的温度变化可以表明样品中分析物的浓度，而稳定状态可以通过将流体样品以恒定的速率送入反应器来实现。

热化学传感器在现代社会中得到了较为广泛的应用，这一类传感器应用的主要是物质在化学反应中会吸热或放热的特性或不同物质具有不同热导率、比热容等特性，具体的有热敏电阻传感器、热电效应传感器和热导率型气体传感器等。

4.1.2　主要性能衡量指标

化学量传感器的主要衡量指标有物质选择性(也称为抗干扰能力)、检测极限、准确度等。大多数化学量传感器都可以用稳定性、重复性、线性、滞后、饱和、响应时间和跨度等所有传感器的一般标准和特征来描述，但有两个特征——选择性和敏感性在化学检测中是独特而有意义的。化学量传感器一般被用来鉴定和量化，因此需要对混合物中特定的目标具有选择性和敏感性。

选择性描述的是一个传感器只对理想的目标物种做出反应的程度，对非目标物种几乎没有干扰。敏感性描述了设备可以成功和重复地检测到的最小浓度和浓度变化(称为分辨率)。当传感器的传递函数为线性时，“灵敏度”一词通常被用作“斜率”的同义词。对于化学传感器来说，灵敏度是分辨率的同义词。这是压力传感器、温度传感器等其他传感器很少关注的特性。

不同类型的传感器在不同方面有着自己的优势，如电化学传感器选择性好，具有适中的检测极限，检测准确度能够满足日常大多数的需求，但是稳定性较差，需要一定的保护；光化学传感器在很多方面有优异的表现，但是比较昂贵，不适合大面积使用；热化学传感器稳定性好，但是精度较低。随着时代和技术的发展，化学量传感器在工业、医学、军队等领域有着越来越重要的应用价值。

4.2　气体传感器

4.2.1　气体传感器概述

气体传感器利用物理效应、化学反应等机理把气体的种类和浓度检测出来，并通过敏感芯片和转换部件将其转换成电信号。从 20 世纪开始，国外的科学家已经开始了对气体传感器的研究，此时气体传感器主要应用于家庭中的煤气和矿井下的瓦斯气体的检测。随着科技的发展和生产生活水平的提高，之前的气体传感器早已不能满足需求，同时各种环境问题也给气体传感器的研究增加了许多难度。

气体的种类繁多，本身具有的性质各不相同，现在的气体传感器主要以气敏特性来分类，主要可以分为半导体气体传感器、电化学式气体传感器、接触燃烧式气体传感器以及声表面波高分子气体传感器等。今后气体传感器的研究方向将朝着高灵敏度、低功耗、复合化、集成化发展，气体传感器的功能也会越来越强大。气体传感器的应用领域如图 4.1 所示。

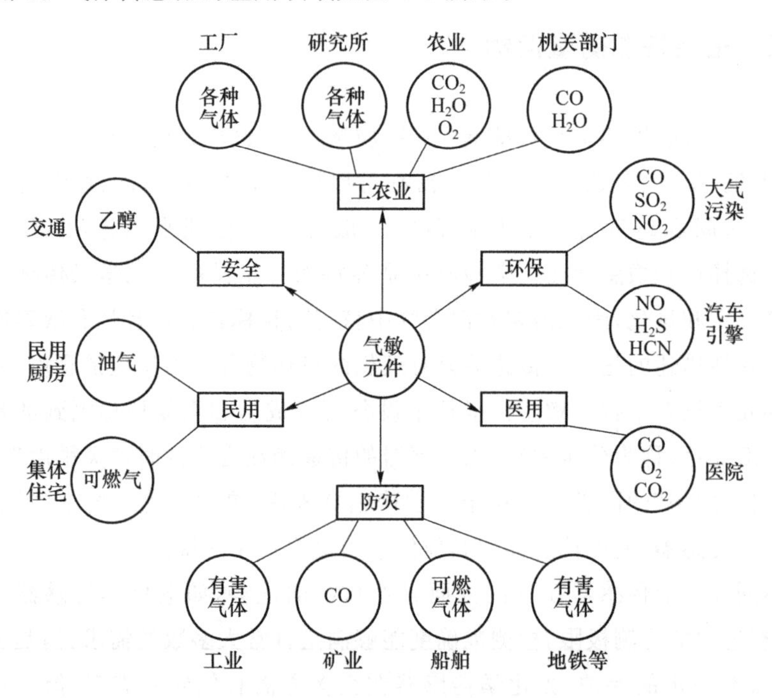

图 4.1　气体传感器的应用领域

1. 气体传感器的特征要求

在设计气体传感器之前，要明确产品的最终用途，要考虑到传感器应用环境的干扰因素、精度、使用寿命、外形以及可靠性要求等。所以最终的传感器可以是只有单一的功能的传感器，也可以是由不同功能的敏感元件构成的复合传感器。气体传感器应该具备以下几个条件。

(1) 对待测气体具有较高的灵敏度和较宽的动态响应范围；

(2) 具有较快的响应速度；

(3) 长期工作稳定性好，寿命较长；

(4) 成本较低，维护方便。

2. 存在的问题

目前来看，气体传感器主要存在以下几方面的问题。

（1）选择性差；

（2）使用寿命短；

（3）灵敏度在某些场合不能够满足需求；

（4）元件稳定性较差。

4.2.2　半导体气体传感器

1. 概述

半导体气体传感器是利用待测气体与半导体表面接触时，半导体的物理电导率发生的明显变化来检测气体的，它能够将感受到的气体转换成可用的输出信号。根据相互作用时产生变化的位置可以将半导体气体传感器分为表面控制型和体控制型气体传感器。前者在表面吸附气体，气体与半导体发生反应，最终使得半导体的电导率等物理性质发生改变；后者通过气体改变半导体的内部组成，这同样能够改变半导体的电导率。根据其反应原理，半导体气体传感器可以分为电阻式和非电阻式半导体气体传感器两种。表 4.3 是半导体气体传感器的分类。

表 4.3　半导体气体传感器的分类

类型	物理特性		敏感材料	工作温度	被测气体
电阻式	电阻	表面电阻控制	SnO_2、ZnO、In_2O_3	室温－450 ℃	可燃性气体
		体电阻控制	TiO_2、SnO_2、MgO_2	300 ℃～450 ℃	可燃性气体、乙醇
非电阻式	表面电位		Ag_2O	室温	主要分子为硫、醇的气体
	二极管整流特性		Pt/TiO_2	室温－450 ℃	氢气、一氧化碳
	场效应管特性		铂栅场效应管	150 ℃	氢气、硫化氢

2. 半导体气体传感器的机理

由两个金属电极之间的半导体组成的气体传感器通常被称为半导体气体传感器。有时它们被称为均匀气体传感器，以区别于气体传感二极管和场效应晶体管等结构传感器。在金属氧化物是气体敏感半导体的情况下，这种器件也被称为氧化物气体传感器、金属氧化物气体传感器或陶瓷气体传感器。

半导体气敏元件的敏感部分是金属氧化物半导体微结晶粒子烧结体，利用的是气体在半导体表面的氧化还原反应会导致敏感元件阻值变化而制成的。当气敏元件被加热到稳定状态时，若有被检测气体吸附，则被吸附的气体分子会在表面自由扩散，失去自身运动能量，一部分气体分子被蒸发掉，另一部分残留下来的气体分子产生热分解，固定在吸附处（化学吸附）。当半导体的功函数小于吸附分子的亲和力，吸附分子将从原件中夺得电子而变成负离子吸附，使气敏元件表面呈负电荷层；若半导体的功函数大于吸附分子的解离能，吸附分子将向元件释放电子,从而形成正离子吸附,一般具有正离子吸附倾向的气体有一氧化碳等。

3. 电阻式半导体气体传感器

目前,电阻式半导体气体传感器的结构主要有三种:烧结型、薄膜型和厚模型。

烧结型气体传感器的结构如图 4.2(a)所示,半导体陶瓷内的晶体的大小对电阻有一定的影响,通常晶体的直径约为 1 μm。烧结型气体传感器的制作方法简单,价格便宜,但电性能一致性较差,因此应用受到一定限制。

薄膜型气体传感器的结构如图 4.2(b)所示,主要采用蒸发或溅射工艺在石英基片上形成氧化物半导体薄膜,这种传感器的性能主要与工艺条件与薄膜的物理化学状态有关。

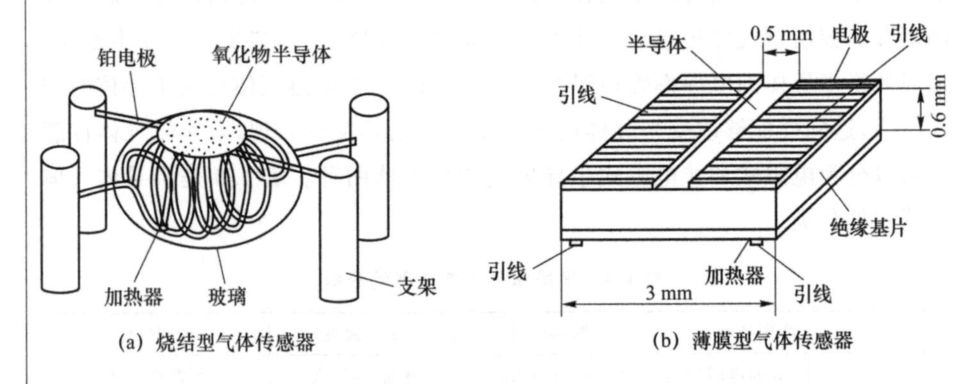

图 4.2 烧结型气体传感器和薄膜型气体传感器的结构

在传统电阻式半导体气体传感器中,SnO_2 材料是其中的代表,用 SnO_2 制成的气体传感器用来监测空气中氧气分压保持不变的情况下微量成分的浓度。在传感器应用中,半导体材料通常以厚膜或薄膜的形式出现在包含金属膜电极和加热电阻的基片上。MQ307 气体传感器就是一种利用 SnO_2 来制备的气体传感器,主要被用来探测一氧化碳的浓度,具有较高的灵敏度和选择性,实现了一氧化碳可靠性探测设备领域的发展。

4. 非电阻式半导体气体传感器

非电阻式半导体气体传感器利用的是 MOS 二极管的电容-电压特性的变化以及 MOS 场效应晶体管(MOSFET)的阈值电压变化等特性制成的气敏元件。其电流或电压随气体含量而变化,主要被用来检测氢气等易燃气体。其中 MOSFET 气体传感器的工作原理主要是催化金属与挥发性有机物接触后将发生反应,而反应的产物会改变元件的性能,人们通过读取数据,分析元件性能变化,就能识别不同的挥发有机化合物。通过改变催化金属的种类和薄膜厚度,可以进一步优化传感器的灵敏度和选择性。

5. 半导体气体传感器的应用

半导体气体传感器因具有灵敏度高、响应时间短、使用寿命长等优点,得到了广泛的应用。表 4.4 列出了半导体气体传感器的具体应用实例。

表 4.4 半导体气体传感器的具体应用实例

分类	检测对象	应用对象
爆炸性气体	液化石油气	家庭
	甲烷	煤矿
	可燃性煤气	办事处
有毒气体	一氧化碳(不完全燃烧煤气)	煤气灶
	硫化氢、含硫化合物	特殊场所
	卤素、卤化物、氨气等	特殊场所
环境气体	氧气(防止缺氧)	家庭、办公室
	二氧化碳	家庭、办公室
	水蒸气(调节温度)	电子设备、汽车
	大气污染	温室
工业气体	氧气(控制燃烧)	发电机、锅炉房
	一氧化碳(防止不完全燃烧)	发电机、锅炉房
	水蒸气(食品加工)	灶台
其他	人呼出气体中的酒精、烟雾等	

4.2.3 其他类型气体传感器

1. 增强型催化气体传感器

增强型催化气体传感器是一种采用主动测量技术,与简单的电化学电池相结合的传感装置。电化学电池由陶瓷-金属薄膜制成,为电位和电流测量提供了反应环境。增强型催化装置分为电增强催化(电催化)装置和光增强催化(光催化)装置。当设备的电极被外部能量激发时,会发生复杂的化学反应。随着电势的变化,装置表面的气体种类会减少或发生氧化还原反应,同时释放或捕获自由电子。这种反应会影响通过薄膜的电流大小。由于反应取决于温度,所以在传感器中加入加热器和温度传感器,以保持温度在预设条件。

这种光催化装置使用二氧化钛等材料作为催化剂。当光催化气体传感器暴露在适当波长的紫外光和可反应气体中时,它就可以改变电阻。这些器件可以在单一激发波长下使用,简单地检测气体种类,也可以与几种不同的紫外光源和掺杂的二氧化钛薄膜耦合,改变反应窗口形态。改变应用电位和激活光源可以使增强型催化装置对不同的化学物质产生反应。利用电催化装置,表面的气体会发生反应,从而会产生衰减或增加的电流。由于对测量技术的要求不断提高,增强型催化气体传感器在简单传感器和精密仪器之间起着重要作用。

2. 光学气体传感器

光学气体传感器包括红外吸收型、光谱吸收型、光纤化学材料型等传感器。常用的光纤气体传感器利用材料对特定化合物的敏感性来产生光学信息，如产生荧光或能发生颜色变化的材料。光纤气体传感器通过与气体分子的接触，在一端与光纤相连，最终通过光纤传输信息。对于这类传感器，研究工作主要致力于开发对特定气体成分具有一定程度敏感性的材料和一些有选择性的材料。

用于测定气体成分的气相色谱-红外光谱法是一种非常可靠、重现性好的方法，已在气相色谱-红外系统等领域得到应用。它有两种方法：一种方法是利用光纤遥感，光纤将输入光束传输到气室，并将信息从气室传输到探测器；另一种方法是使用小型红外光谱仪与非色散探测器系统。在不通过光栅或棱镜分散光束的情况下，光学滤波器或气体选择性探测器可以从特定波长中获得信息。光纤气体传感器的主要部分是两端涂有活性物质的玻璃光纤，其中活性物质中含有一定的荧光染料，当活性物质与荧光染料发生作用的时候，染料极性会发生变化，使其荧光发射光谱发生位移。当光脉冲照射传感器时，荧光染料会发射不同频率的光，检测荧光染料发射的光就可识别两端的活性物质。这种光纤气体传感有望应用于遥感或位置敏感检测。光学气体传感器有很多传感器无法实现的特性电气输出，例如，它对易燃气体的安全防范电缆的耐腐蚀性能优于电气传感器。

3. 声波气体传感器

声波气体
传感器

声波气体传感器主要有体声波和声表面波两种气体传感器，其中声表面波气体传感器具有结构简单、体积小、成本低、灵敏度高等优点，从而被广泛应用到化学研究、环境监测等方面。

声表面波气体传感器属于压电型传感器，主要利用的是声波产生的力作用，以压电效应为基础，将产生的声信号通过振幅、频率等参数的变化表现出来，从而获得被分析物的信息。声表面波气体传感器的输出为准数字信号，可以简便地与微处理器对接。它自身固有一个振荡频率，当外界待测量变化时，会引起振荡频率的变化，从而达到测量目的。

4.3 湿度传感器

4.3.1 概述

湿度是指大气中水蒸气的含量。空气中的水分是影响人和动物健康的重要因素，同时湿度也是操作某些设备的重要因素，如高阻抗电子电路、静电敏感元件、高压器件、精细机械等。湿度可以用湿度计来测量,第一个湿度计是约翰·莱斯利发明的,这是现代湿度传感器的雏形。湿度通常采用绝对湿度和相对湿度两种表示方法。绝对湿度(通常用 AH 表示)是指在一定温度和压力条件下,每单位体积的混合气体中所含水蒸气的质量。绝对温度可以被测量,例如,通过一种能吸收水分的物质(如硅胶等),对比吸收水分前和吸收水分后该物质的质量就可进行测量。绝对湿度的单位是克每立方米(g/m^3)。相对湿度(通常用 RH 表示)是指在任何温度下空气的实际蒸汽压力与在相同温度下的饱和蒸汽压力的最大值之比。相对湿度给出的是大气的潮湿程度,是一个无量纲的量,因此在实际生活中更多地使用相对湿度的概念。

此外,还可用露点来描述湿度,一般用一面镜子来测量露点。在压力一定的时候,将含水蒸气的空气进行冷却处理,当温度降至某一水平线时,空气中的水蒸气达到饱和状态,由气态变为液态,称为结露。能够使气态水刚好变为液态水的温度称为露点,露点的单位是℃。空气中的相对湿度越高,越容易结露,其露点也就越高。所以,测出空气开始结露的温度,可以得到空气的绝对湿度。

湿度传感器的主要特征参数有以下几点。

(1) 感湿特性

感湿特性主要描述的是湿度传感器的感湿特征量(如电阻、电容及电导等)随待测量变化的规律。一般每一种感湿元件都会有自己的感湿特性曲线,通过特性曲线能够得知湿度传感器的灵敏度和最佳适用范围。按曲线的变化规律,感湿特性曲线可分为正特性曲线和负特性曲线。对于性能良好的湿度传感器,要求其在所测相对湿度范围内,感湿特征量的变化为线性变化,且其感湿特性曲线的斜率大小要适中。图 4.3 所示为一种湿度传感器的特性曲线。

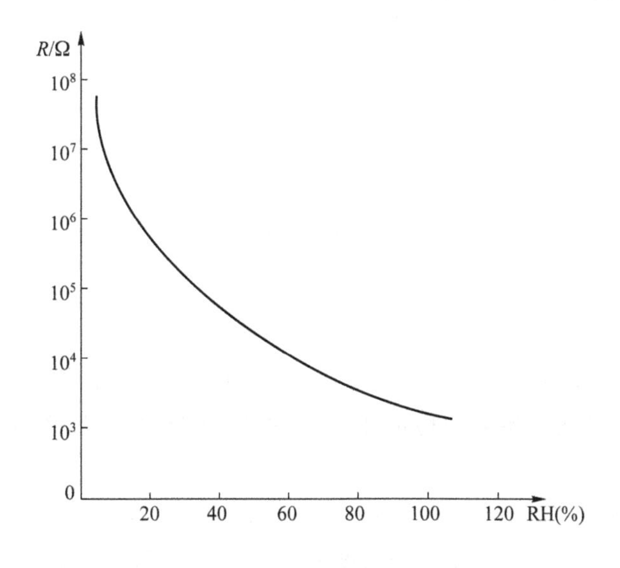

图 4.3　一种湿度传感器的特性曲线

(2) 灵敏度

灵敏度是指传感器的输出信号与输入信号之比,能够直接反映被测湿度在单位时间变化时引起电阻、电容的变化程度,对应于感湿特性曲线的斜率。但由于感湿特性曲线一般只是近似线性而非线性,所以在不同湿度环境下传感器的灵敏度是不同的。

(3) 响应时间

响应时间是指在规定的温度环境下,由起始相对湿度达到稳定相对湿度时,感湿特征量由起始值变化到稳定特征值需要的时间。

(4) 湿度量程

湿度量程指的是湿度传感器在一定精度内能够测量的最大范围,由于不同湿度传感器使用的敏感材料不同,在测量时会出现不同的物理效应或化学反应,导致某些敏感元件只能在一个特定的范围内进行测量,超出这个范围的话测量精度会大幅下降。例如,氯化锂湿度传感器单独的一个湿敏片的测量适用范围只有20%RH,因此在实际使用中需要将其进行一定的组合后才能达到理想效果。

(5) 感湿温度系数

湿度传感器除对环境湿度敏感外,对温度也十分敏感。在不同环境温度下,湿度传感器的感湿特性曲线是不同的,如图 4.4 所示。湿度传感器在感湿特征量恒定的条件下,当温度变化时,其对应相对湿度将发生变化,这两个变化量之比〔参见式(4.1)〕称为感湿温度系数。

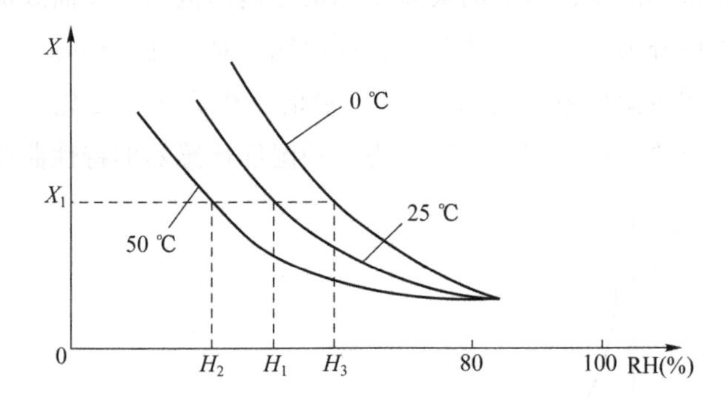

图 4.4　湿敏元件的温度特性

$$\%RH/℃ = \frac{H_1 - H_2}{\Delta T} \tag{4.1}$$

除此之外,湿度传感器还有湿滞特性、长期稳定性等特性参数。在选择传感器的时候要考虑传感器的稳定性、响应速度、灵敏度、温度系数等,还要考虑成本问题等。

为了检测湿度水平,湿度计中的传感器必须对水分子具有一定的选择性,它的一些内部特性应该由水分子浓度来调节。换句话说,传感器内部应该包含一个能够将水蒸气压转换成电信号的转换器。比较流行的是元器件的电容和电阻基于随待测湿度变化的。但是在实际的测量过程中，一部分水分子电离后与溶入水中的杂质结合为酸或者碱，使湿敏材料受到不用程度的腐蚀，导致元件寿命大大降低。另外，由于信号的传递必须有水直接接触湿敏元器件，因此传感器大部分都需要直接暴露在测量环境中，不能密封。

下面介绍一些已经发展比较成熟的湿度传感器。

4.3.2　电容式湿度传感器

电容式湿度传感器一般为一个平板电容器结构，在一个绝缘基片上依次包括下电极、感湿薄膜、上电极。感湿薄膜一般是高分子聚合物，对湿度具有较高的敏感度，能够吸收环境中的水分子，并使其介电常数发生变化。由于平板电容器的电容量与介电常数成正比，因此元件电容量与相对湿度成比例，通过测试电容量的大小就能够求出环境中的相对湿度。

一种发展较为成熟的电容式湿度传感器是高分子电容式湿度传感器。高分子电容式湿度传感器的失效模式主要有开路、短路、参数退化和机械损伤等。空气填充的电容器可以用作相对湿度传感器，因为空气的介电常数 K 会根据大气中的水分发生变化。

$$K = 1 + \frac{211}{T}\left(p_{w} + \frac{48p_{s}}{T}H\right)10^{-6} \tag{4.2}$$

其中，T 是以开尔文为单位的绝对温度，p_{w} 是湿空气的压力(kPa)，p_{s} 是在温度 T 下饱和水蒸气的压力(kPa)。空气电容器作为湿度传感器，有着线性度好的优点，但灵敏度较低。

通常吸湿性高的材料一般是有强极性的高分子介质及其盐类，薄膜覆盖在叉指形金电极上，而后在感湿薄膜表面上蒸镀一层多孔金属膜，此结构即可构成一个平行板电容器。当环境中的水分子沿上电极的毛细微孔进入感湿膜而被吸附时，高分子胶膜的介电常数发生变化，通过检测传感器输出电信号的变化可以得出待测湿度。图 4.5(a)是高分子电容式湿度传感器的结构图；图 4.4(b)是高分子电容式湿度传感器的感湿特性曲线；图 4.5(c)是高分子电容式湿度传感器的外形图。

这种传感器的湿敏层为可导电的高分子，它具有极强的吸水性。水吸附在有极性基的高分子膜时，在低湿下，因吸附量少，不能产生电离子，所以传感器的电阻值较高；当相对湿度增加时，吸附量增大，电阻减小。高分子介质吸水后电离，正负离子对主要起载流子作用，使高分子电容式湿度传感器的电阻下降。吸湿量不同，高分子介质的阻值也不同，根据阻值变化可测量相对湿度。当高分子介质吸湿后，元件的介电常数随环境相对湿度的变化而变化，从而引起电容量的变化。由于高分子膜可以做得很薄，所以元件能迅速吸湿和脱湿，故这种传感器有滞后小和响应速度快等特点。

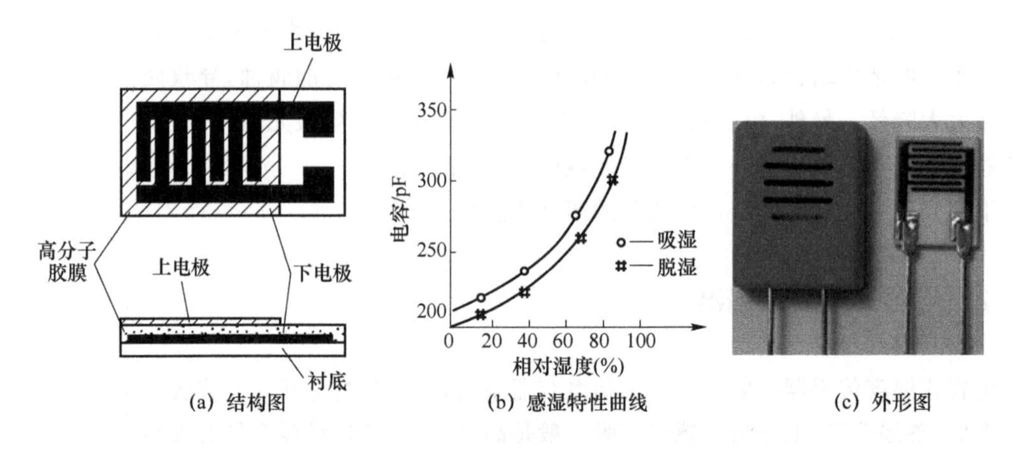

(a) 结构图　(b) 感湿特性曲线　(c) 外形图

图 4.5　高分子电容式湿度传感器

另一种电容式湿度传感器可以由吸湿性聚合物膜形成,吸湿性聚合物薄膜的两侧沉积有金属化电极。有一种电介质是由纤维素和亲水性聚合物薄膜(由二甲基对苯二甲酸酯制成,厚为 8～12 μm)组成的。通过真空淀积的方法将直径为 8 mm 的金多孔盘电极沉积在聚合物上,用支架悬挂该薄膜,并将电极连接到该端子。这种介质的湿度传感器的电容与相对湿度近似成正比。

$$C_h \approx C_0(1+\alpha_h H) \tag{4.3}$$

其中 C_0 是相对湿度为 0 时的传感器电容。

电容式湿度传感器测量湿度是一个相当缓慢的过程,因为介电层吸收水分子需要时间。利用现代 MEMS 技术,通过缩小传感电容器的尺寸和增加介质材料的暴露面积,可以显著提高测量速度。当传统的电容式湿度传感器有一个多孔的上电极时,柱电容会形成裸露的聚酰亚胺,能够更快地吸收水分。柱直径仅为几微米,使得水蒸气向内扩散。由于水蒸气容易在传感器内部冷凝,冷凝后需要较长的恢复时间,在此期间传感器不能工作,所以传感器还增加了一个防止冷凝的加热元件,这种设计将传感器的响应速度提高了大约 10 倍。

4.3.3　半导体陶瓷湿度传感器

半导体陶瓷湿度传感器具有很多优点,主要如下。

① 测湿范围宽,基本上可实现全湿范围内的湿度测量;

② 工作温度高,常温湿度传感器的工作温度在 150 ℃以下,而半导体陶瓷湿度传感器的工作温度可达 800 ℃;

③ 响应时间短,多孔陶瓷的表面积大,易于吸湿和脱湿;

④ 湿滞小,可高温清洗,灵敏度高,稳定性好等。

半导体陶瓷湿度传感器按其制作工艺不同可分为烧结型、涂覆膜型、厚膜型、薄膜型和 MOS 型。表 4.5 列出了半导体陶瓷湿度传感器的类别。

表 4.5　半导体陶瓷湿敏传感器的类别

分类	材料
涂覆膜型	四氧化三铁涂覆膜、氧化铝陶瓷
烧结型	三氧化钛-氧化物、锌-锂-钒式、$MgCr_2O_4$-TiO_2 系、$ZnCrO_4$ 系
厚膜型	钨酸镍系、$LiNbO_3$-PbO 系
薄膜型	三氧化二铝、Ta-MnO_2 电容式
MOS 型	MOS 型电容式薄膜

通常用两种以上的金属氧化物半导体材料混合烧结成多孔陶瓷，除 Fe_3O_4 系半导体陶瓷湿度传感器外，ZnO-Cr_2O_3（氧化锌-三氧化二铬）系、Fe_3O_4 系、TiO_2-V_2O_5（二氧化钛-五氧化二钒）系半导体陶瓷湿度传感器都为负特性湿度传感器，即随着环境湿度的增加电阻率降低，而 Fe_3O_4 系半导体材料的电阻率随湿度的增加而增大，故其称为正特性湿度传感器。下面介绍典型的 $MgCr_2O_4$-TiO_2 系半导体陶瓷湿度传感器和 ZnO-Cr_2O_3 系半导体陶瓷湿度传感器。

由 $MgCr_2O_4$-TiO_2 固溶体组成的多孔性半导体陶瓷材料的电阻率能在一定范围内随湿度的增加而减小，因此属于负特性湿度传感器。$MgCr_2O_4$-TiO_2 属于 P 型半导体，电阻率低，阻值温度特性较好。$MgCr_2O_4$-TiO_2 系半导体陶瓷湿度传感器结构如图 4.6 所示。在感湿体外设置了由镍铬丝烧制而成的加热清洗线圈，此线圈的作用主要是通过加热排除附着在感湿片上的有害物质（如水分、油污、有机物和灰尘等），以恢复感湿片对水汽的吸附能力。

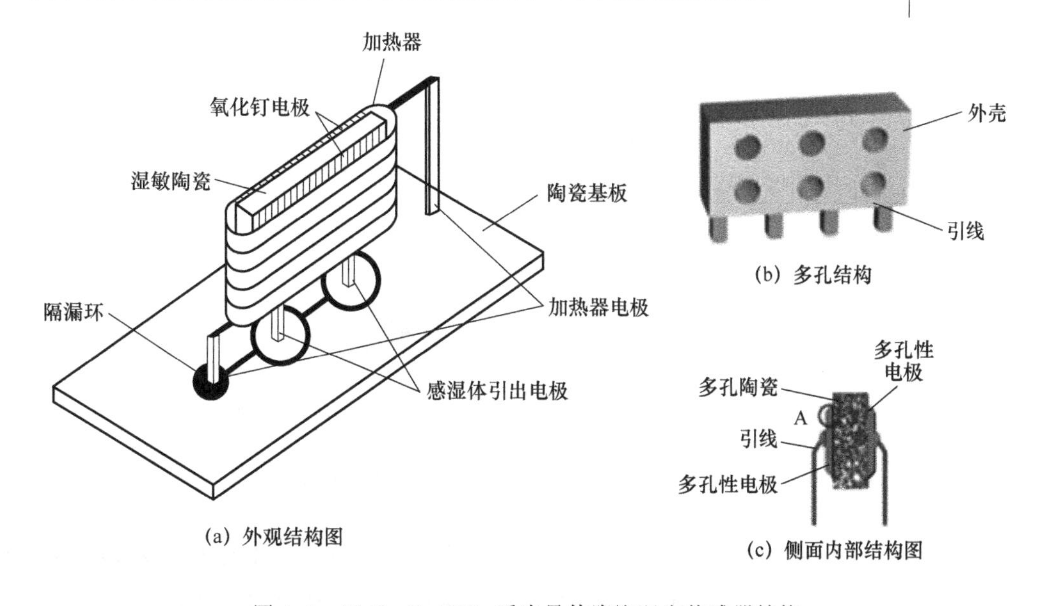

图 4.6　$MgCr_2O_4$-TiO_2 系半导体陶瓷湿度传感器结构

由于 $MgCr_2O_4$-TiO_2 系半导体陶瓷湿度传感器为多孔结构，很容易吸附水汽，还能抗热冲击。这种半导体陶瓷的电阻率和温度特性与原材料的配比有很大关系，将导电类型相反的半导体材料按不同比例烧结就能得到电阻率较低、电阻率温度系数很小的复合型半导体湿度传感器。$MgCr_2O_4$-TiO_2 系半导体陶瓷湿度传感器的感湿特性曲线如图 4.7 所示，该湿度传感器的特点是体积小，感湿灵敏度适中，电阻率低，阻值随相对湿度的变化特性好，测量范围宽，可测量 0%～100%RH，响应速度快（响应时间可小至几秒）。

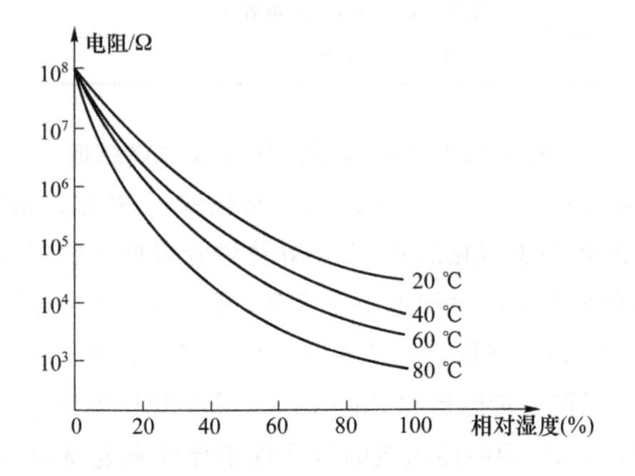

图 4.7　感湿特性曲线

$MgCr_2O_4$-TiO_2 系半导体陶瓷湿度传感器的电阻-湿度特性曲线如图 4.8 所示。随着相对湿度的增加，传感器的电阻值急骤下降，且基本按指数规律下降。在单对数的坐标中，电阻-湿度特性近似呈线性关系。当相对湿度由 0%变为 100%时，阻值从 10^7 Ω 下降到 10^4 Ω，即变化了三个数量级。

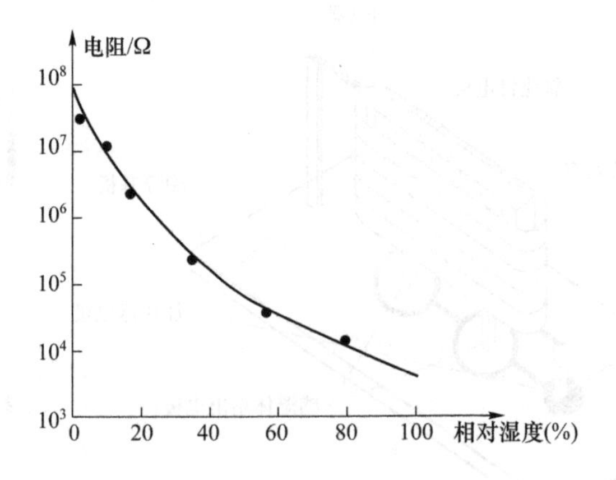

图 4.8　电阻-湿度特性曲线

另外，国外已研制出不用电热清洗的半导体陶瓷湿度传感器，ZnO-Cr_2O_3 系半导体陶瓷湿度传感器就是其中的一种。它主要是以氧化锌为主要成分，这种湿度传感器不需要清洗加热就能性能稳定地连续测量湿度，成本低廉，适用于大量生产。图 4.9 是 ZnO-Cr_2O_3 系半导体陶瓷湿度传感器的结构图，其主要特点如下：

① 电阻率几乎不随温度改变，老化现象很少，长期使用后电阻率变化只有百分之几；

② 元件的响应速度快，在 0%～100%RH 时，响应时间约为 10 s；

③ 湿度变化±20%时，响应时间仅为 2 s；

④ 吸湿和脱湿时几乎没有温滞现象。

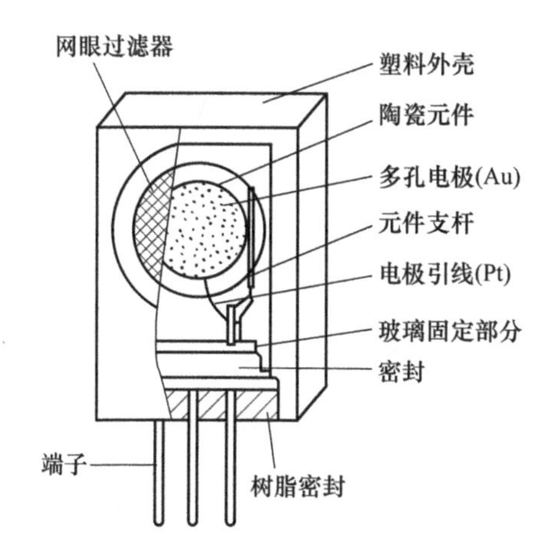

图 4.9 $ZnO-Cr_2O_3$ 系半导体陶瓷湿度传感器的结构图

4.3.4　结露传感器

结露传感器是一种特殊的湿度传感器，它与一般的湿度传感器的不同之处在于它对低湿不敏感，仅对高湿敏感，感湿特征量具有开关式变化特性。结露传感器分为电阻型和电容型，目前广泛应用的是电阻型传感器。图 4.10 是结露传感器的外形图。

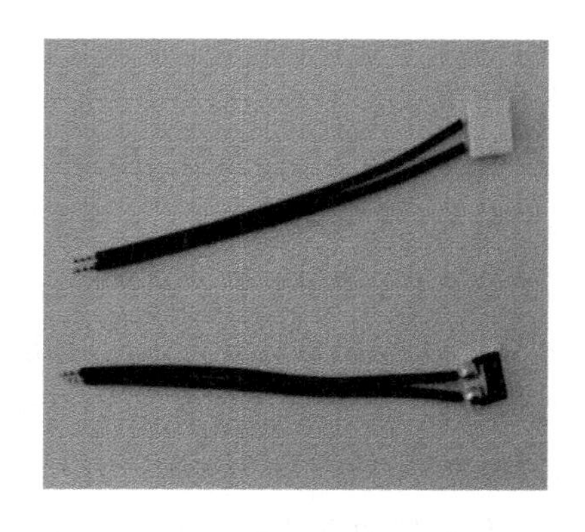

图 4.10　结露传感器的外形图

电阻型结露传感器在陶瓷基片上制作梳状电极，并在其上涂一层电阻式感湿膜。感湿膜采用掺入碳粉的有机高分子材料，在高湿下，电阻式感湿膜吸湿后膨胀，体积增加，碳粉间距变大，引起电阻突变，而在低湿下，电阻因电阻式感湿膜的收缩而变小。电阻型结露传感器的感湿特性曲线如图 4.11 所示，在 75%～80%RH 以下时，曲线很平坦，而在超过 75%～80%RH 时，曲线陡升。

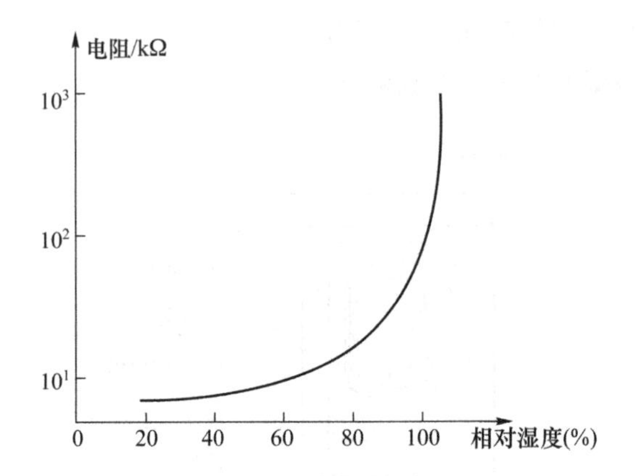

图 4.11　电阻型结露传感器的感湿特性曲线

结露传感器的特点：响应时间短，体积较小，对高湿快速敏感。它的吸湿作用位置不在湿敏膜的表面，而在其内部，这就使它不受灰尘和其他气体对其表面污染的影响，因而长期稳定性好，可靠性高，且不需加热解毒，能在直流电压下工作。

结露传感器一般不用于测湿，而是作为提供开关信号的结露信号器，用于自动控制或报警，以及磁带录像机、照相机和高级轿车玻璃的结露检测与除露控制。

4.3.5　湿度传感器的应用

(1) 水分检查仪

水分检查仪的电路图如图 4.12 所示。

在水分检查仪电路中由 555 时基电路及 R_2、R_X 和 C_4 构成振荡器，水分含量多少最终体现在接触电阻 R_X 阻值的大小上，水分含量高，则 R_X 阻值小，振荡频率就高；反之，振荡频率就低。当 R_X 在 2 MΩ 左右时，接通电源后喇叭里会发出“哒哒”声响，指示灯 LED 会发出闪烁的红光；标准电阻 R_1、R_2、R_3 的阻值分别参与电路振荡，反复比较 R_X 的振荡频率，从而判别水分相对含量。

(2) 氧化铝厚膜露点湿度传感器

氧化铝厚膜露点湿度传感器的测试范围为－80～＋20 ℃(露点)，其响应迅速，使用方便，可以满足众多气体行业对露点的测试要求。该产品不同于传统的阳极氧化薄膜氧化铝露点湿度传感器，二者相比该产品有三大优势。

① 使用温度远高于后者，该产品最高使用温度为 160 ℃以上，而传统的阳

极氧化薄膜氧化铝露点湿度传感器最多不能超过 50 ℃；

② 稳定性好，重新标校期要长得多；

③ 抗污染能力强，许多传统的阳极氧化薄膜氧化铝露点湿度传感器不能用的场合该产品都能使用。

从测试原理看，氧化铝厚膜露点湿度传感器与传统的阳极氧化薄膜氧化铝露点湿度传感器有本质不同，氧化铝厚膜露点湿度传感器为电阻型，传统的阳极氧化薄膜氧化铝露点湿度传感器为电容型。

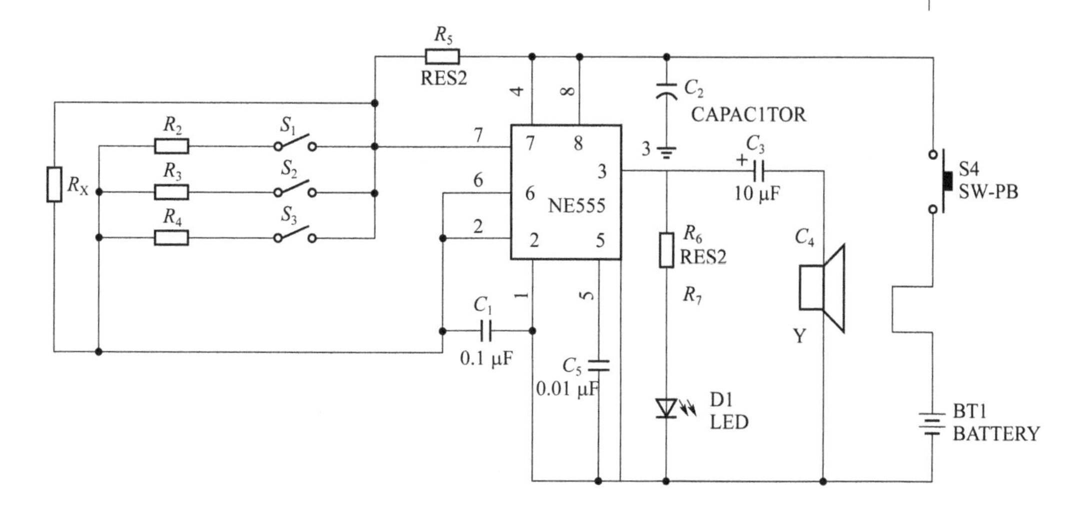

图 4.12　水分检查仪电路图

4.4　离子传感器

离子传感器是将溶液中的离子活度转换为电信号的传感器，这里所说的电信号通常是指电位或电流，它是化学量传感器中制作工艺较为成熟、实用化较早的一类传感器，在化学、生物、医药卫生、轻工、食品、农业与环境保护等领域的应用日渐增多。

离子传感器技术的进步取决于敏感膜与换能器，离子传感器通常是根据敏感膜的种类和换能器的类型来划分的。根据敏感膜的种类，离子传感器可以分为玻璃膜式离子传感器、液态膜式离子传感器、固态膜式离子传感器以及隔膜式传感器。与此同时，换能器的发展正在改变着离子传感器的面貌，换能器从传统的离子选择电极发展为离子敏感场效应晶体管，后者易于微型化、集成化。由于换具有器的重要作用，离子传感器也可按照换能器类型划分，有电极型离子传感器、场效应晶体管型离子传感器、声表面波型离子传感器。

4.4.1 离子选择电极离子传感器

利用离子选择电极(Ion-Selective Electrode,ISE),将感受的离子转换成可用输出信号的传感器称为离子选择电极离子传感器,它利用固定在敏感膜上的粒子识别材料,有选择性地结合被传感离子,使膜电位或膜电流发生改变。ISE离子传感器是常见的离子传感器。

1. 液体离子交换剂膜电极

液体离子交换剂膜电极是利用对液体有选择交换离子的离子交换膜和离子交换剂等制成的,典型结构如图 4.13 所示。离子交换膜是由对离子具有选择透过性的高分子材料制成的薄膜,主要利用的是它的离子选择透过性,所以离子交换膜也被称为离子选择透过性膜。离子交换剂主要采用不溶于待测溶液的溶剂且在室温下不挥发的有机液体制成。

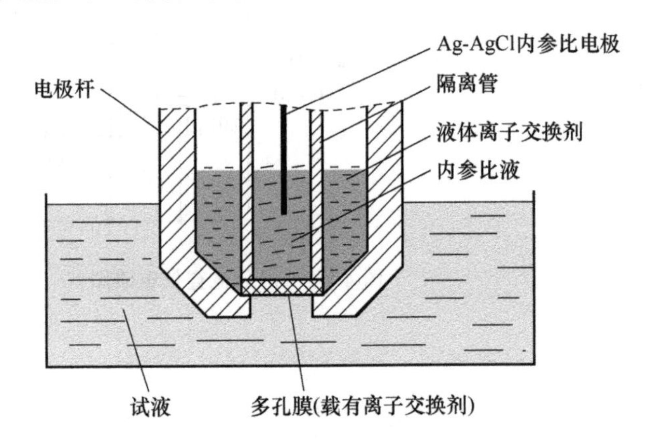

图 4.13 液体离子交换剂膜电极示意图

离子交换膜分为均相膜和非均相膜两类,它们用高分子加工成型的方法制造而成,需要保存在水中。离子交换膜的膜电阻与离子在膜中的质量摩尔浓度有关,根据不同的测定计算方法,它可分为体积电阻和表面电阻。离子交换膜的膜电阻和选择透过性是膜的电化学性能的重要指标。阳离子在阳膜中的透过性次序如下:

$Li^+ \to Na^+ \to NH_4{}^+ \to K^+ \to Rb^+ \to Cs^+ \to Ag^+ \to Ti^+ \to Mg^{2+} \to Zn^{2+} \to Co^{2+} \to Cd^{2+} \to Ni^{2+} \to Ca^{2+} \to Sr^{2+} \to Pb^{2+} \to Ba^{2+}$

阴离子在阴膜中的透过性次序如下:

$F^- \to CH_3COO^- \to HCOO^- \to Cl^- \to SCN^- \to Br^- \to I^- \to NO^{3-} \to (COO)_2^{2-}$(草酸根)$\to SO_3^{2-}$

液体离子交换剂膜电极除能被用于上述大部分离子的分析外,还能用于分析 Hg^{2+}、苯甲酸根离子等。

2. 固态膜电极

固态膜电极的一般结构如图 4.14 所示，固态膜是由微溶盐制成的单晶小片制成的。固态膜对某些被分析物质的离子有选择性，离子穿过时会引起固态膜的电导和膜两端的电位发生变化，从而可以检测出被测物质的质量摩尔浓度。

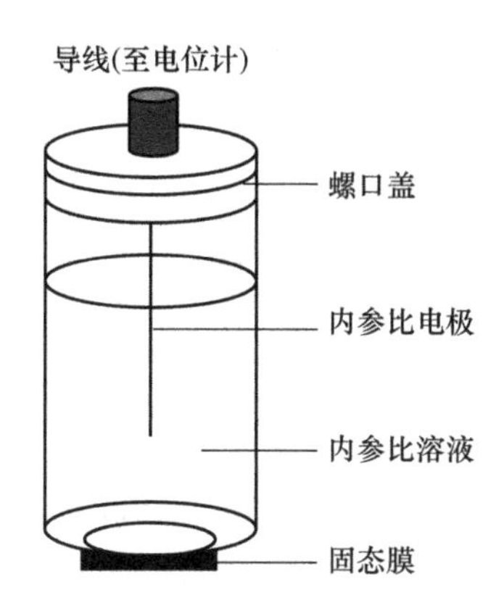

图 4.14　固态膜电极的一般结构

氟化镧(LaF_3)膜是仅有的单晶膜，通过掺杂使晶体的电阻率下降，表现出离子导电性，氟化镧对氟离子敏感。

其他常用的固态离子选择电极的膜组成及其敏感的被分析离子如表 4.6 所示。

表 4.6　常用的固态离子选择电极的膜组成及其敏感的被分析离子

膜组成	被分析离子	膜组成	被分析离子	膜组成	被分析离子
Ag_2S	Ag^+、S^{2-}	Ag_2S-AgCN	CN^-	Ag_2S-CdS	Cd^{2+}
Ag_2S-AgBr	Br^-	Ag_2S-AgI	CN^-、I^-	Ag_2S-CuS	Cu^{2+}
Ag_2S	Cl^-	Ag_2S-AgSCN	SCN^-	Ag_2S-PbS	Pb^{2+}

3. 玻璃电极

玻璃电极是较常用的 pH 指示电极，是用玻璃薄膜制成的对氢离子活度有电势响应的膜电极，也是最较用的氢离子指示电极。玻璃电极不受氧化剂、还原剂和其他杂质的影响，pH 测量范围宽广，应用广泛，通常为圆球形，内置 0.1 mol/L 盐酸和 Ag-AgCl 电极。玻璃电极结构如图 4.15 所示。

玻璃电极测量氢离子活度采用电位分析法，电位分析法所用电极称为原电池。原电池的作用是使化学反应能转换为电能，此电池的电压称为电动势。此电动势由两个半电池构成，其中，一个半电池称为测量电极，其电位与特定的离子活度有关，另一个半电池为参比半电池，称为参比电极，它一般是与测量溶液相通，并与测量仪表相连。

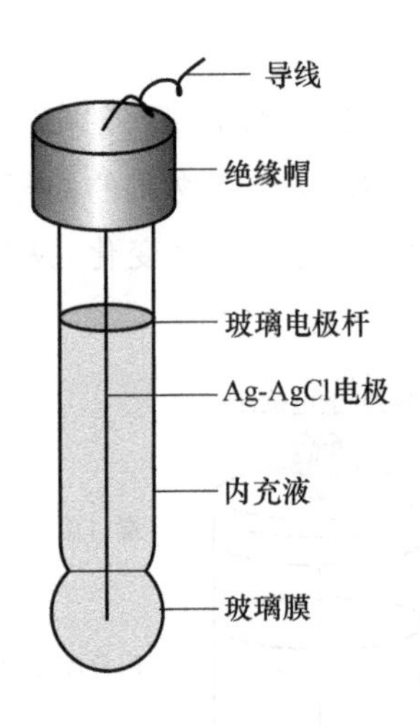

图 4.15 玻璃电极结构

玻璃电极的 pH 电极又称为 pH 探头，是 pH 计上与被测物质接触的部分，用来测电极电位。它是一支对于 pH 敏感的玻璃管，管内充填有含饱和氯化银的 3 mol/L KCl 缓冲溶液（pH 值为 7）。玻璃膜两面采用 Ag-AgCl 传导系统，电位差利用 pH 值反映。

pH 探头采用先进的固体电介质和大面积聚四氟乙烯液接界，不易阻塞，维护方便。长距离的参比扩散途经极大地延长了电极在恶劣环境中的使用寿命。新型设计的玻璃球泡增加了球泡面积，可防止内缓冲液中干扰气泡的生成，使测量结果更加可靠。玻璃电极采用优质低噪声电缆，可使信号输出长度大于 20 m 时无干扰。其 pH 测量范围为 0～14，工作温度为 0 ℃～80 ℃。pH 探头适用于化工、酸洗、制药、印染、造纸等行业的废水监测，以及医药、电镀、生物医疗、电厂等行业的纯水和高纯水测量。

4.4.2 场效应晶体管型离子传感器

利用场效应管栅极敏感膜，将溶液中的某给定离子活度转换为可用输出信号的传感器称为场效应晶体管型离子传感器。

1. 离子敏感器件的主要特点及应用

离子选择场效应晶体管（ISFET）由离子选择电极敏感膜和 MOSFET 组合而成，是对离子具有一定选择性的器件。对比一般的离子选择性电极，它具有高阻抗转换的优点，并具有放大功能，为准确检测电信号提供了有利条件，且灵敏度、响应时间均有提高。此外，它还具有体积小、易集成的优点。

ISFET 被广泛应用于生物化学、医学等领域中的微量分析。在有合适的离子响应膜或者有一定化学修饰的 ISFET 情况下，可以测量很多氨基酸、蛋白质、酶等物质，还可以在环境监测中实时监测各种污染离子。

2. ISFET 的原理

ISFET 进行化学量-离子浓度到电学量-电势转换的关键器件是 MOSFET，有 N 沟道增强型 MOSFET 等。

ISFET 的工作原理和 MOSFET 的原理相同，只是它用离子敏感膜来代替栅极的金属接触部分。选用合适的离子敏感膜可以在离子选择电极上得到与对应离子活度对应的电位，其阶跃响应特性可以满足性能要求，而且其稳定性和寿命能符合化学分析的要求。

3. 离子选择膜

能否有效选择离子选择膜是一个 ISFET 好坏与否的关键。膜分为无机膜和有机膜，其中有机膜的应用较为广泛，主要应用在生化和医学领域。活性的膜物质和 ISE 的选择并没有很大差别，关键是选择膜的沉积技术，要求既不能损害场效应晶体管，又能保证膜的质量。当代的主要沉积技术分为物理气相沉积法(PVD)(包括高真空蒸发、直洗、射频溅射等)、化学气相沉积法(CVD)和浸泡涂覆法三大类。制作离子选择膜的主要方法：将离子活性剂溶解在增塑剂、PVC 粉末和 THE 溶液中，最后将此溶液涂在 ISFET 的栅区。

4. 用 ISFET 进行离子活度分析

(1) 直接滴定法。在测定前先要使溶液在合适的 pH 和离子强度下，然后加入一定量的已知浓度的溶液，测定电位，做出 ISFET 标准曲线图，最后用已知标准曲线图测定溶液中的离子活度大小。

(2) 仪器检测方法。采用电子测量仪器进行测量，通过读出 ISFET 漏电流数值进而读出溶液中的离子强度。由于采用数字电路进行检测，因此可以排除人为检测中存在的主观差异，并且检测过程可以更加快速简便。

习　　题

4.1　简述化学量传感器的结构和作用。

4.2　与其他电阻式氧化物半导体气敏元件相比，SnO_2 气敏元件有什么特点？

4.3　什么是绝对湿度？什么是相对湿度？

4.4　什么是露点？说明氧化薄膜氧化铝露点湿度传感器的原理及性能优势。

4.5　某农场要求整体蔬菜大棚的相对湿度不能低于 50%，但是也不能高于 65%，同时作物要求温度不能变化超过 5 ℃，那这个大棚的感湿温度系数是多少？

4.6 某厂家生产的电容式湿度传感器，其感湿温度系数为5到8，最佳使用环境为20 ℃至25 ℃，湿空气压力为100 kPa，20 ℃和25 ℃下的饱和水蒸气压力分别为2.33 kPa和3.17 kPa，则在最佳使用环境下传感器两板间的空气介电常数变化范围是多少？

4.7 简述半导体陶瓷湿度传感器的感湿原理和特点。

第5章　生物量传感器

生物量传感器起源于20世纪60年代，发展至20世纪80年代，此时生物传感研究领域已经基本形成。生物量传感器是将生物传感元件与电化学、光学、压电等多种传感器耦合的装置。其目的是将生物分子间的相互作用转化为易于测量的电信号。生物分子之间特殊的相互作用可以产生各种物理量的变化，这些变化可能是离子、电子的释放或消耗，也可能是光学性质的转变、质量的变化，或是热能的释放或消耗等，并且这些变化可以通过一些传导方法检测出来。生物量传感器在医学基础研究、临床诊断、环境医学以及发酵、食品、化工等方面具有广阔的应用前景。

5.1　生物量传感器原理及特点

生物量传感器的传感原理如图5.1所示，其构成包括两部分：生物敏感膜和换能器。被分析物扩散进入固定化生物敏感膜层，经过分子识别，发生生物学反应，如生理生化、新陈代谢、遗传变异等，产生的信息继而被相应的化学换能器或物理换能器转化为可定量和可处理的电信号，在该电信号经过检测信号放大器放大并输出后便可知道待测物浓度。

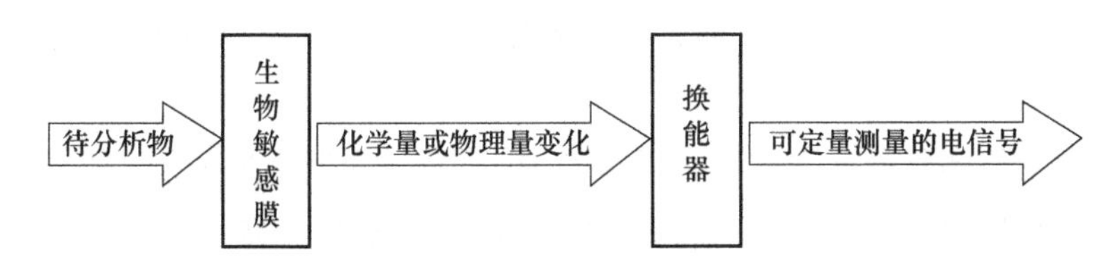

图5.1　生物量传感器的传感原理

生物敏感膜又称为分子识别元件，是生物量传感器的关键元件，直接决定着传感器的功能与质量，如表5.1所示。依照生物敏感膜所选材料不同，其组成可以是酶、抗体、抗原、核酸、细胞器或它们的不同组合等。需要指出的是，这里所说的膜是采用固定化技术制作的人工膜而不是天然的生物膜(如细胞膜等)。而换能器的作用是将各种生物的信息转变为电信号,这样最后才能可以检测出待测物质或生物量。表5.2是一些生物学反应信息对应的换能器选择。

表5.1 生物量传感器的分子识别元件

分子识别元件	生物活性材料	分子识别元件	生物活性材料
酶	各种酶类	免疫物质	抗体、抗原等
全细胞	细菌、真菌、动植物细胞	具有亲和力的物质	配体、受体
组织	动植物组织切片	核酸	核苷酸
细胞器	线粒体、叶绿体	模拟酶	高分子聚合物

表5.2 一些生物学反应信息对应的换能器选择

生物学反应信息	换能器选择	生物学反应信息	换能器选择
离子变化	离子选择性电极	光学变化	光纤、光敏管
电阻变化、电导变化	阻抗计、电导仪	颜色变化	光纤、光敏管
质子变化	场效应晶体管	质量变化	压电晶体
气体分压变化	气敏电极	力变化	微悬梁臂
热焓变化	热敏电阻、热电偶	振动频率变化	表面等离子体共振

生物量传感器与传统分析检测手段相比,具有以下主要特点。

(1) 由生物材料构成识别元件,具有高度选择性,所以检测时一般不需要进行复杂的样品预处理或添加额外的试剂。

(2) 根据生物反应的特异性和多样性,理论上可以制成测定所有生物物质的酶传感器。

(3) 灵敏度高,响应快,样品用量少,可以重复多次使用,且传感器连同测试系统的成本远远低于大型仪器,便于推广普及。

生物量传感器的研究近年来发展迅速,主要趋向于微型化、集成化和智能化。但是生物量传感器在制造工艺上有一定的难度,并且由于使用的材料一般为有生命活性的酶等,使用寿命常常受各种因素干扰,从而导致失活、检测准确度下降等问题。

生物量传感器的分类方法有很多种,按照其感受器中所采用的生命物质,它可分为酶传感器、微生物传感器、细胞传感器、免疫传感器、组织传感器。

5.2 酶传感器

酶传感器是最早问世的生物量传感器,1962年科学家第一次提出酶传感器的原理，五年之后 Updike 等人根据该原理研制出了世界上第一个葡萄糖氧化酶电极。它是将无机离子或低分子气体作为测量对象的电化学器件，并与同时期发展起来的酶固定技术相结合而产生的传感器。酶传感器将酶作为生物敏感基元，通过各种物理、化学信号转换器捕捉目标物与敏感基元之间反应所产生的与目标物浓度成比例关系的可测信号，实现对目标物的定量测定。与传统分析方法相比，酶传感器是由固定化的生物敏感膜和与之密切结合的换能系统组成的。

5.2.1 酶传感器的基本结构、工作原理

1. 基本结构

酶传感器的基本结构是由物质识别元件（固定化酶膜）和信号转换元件（基体电极）组成的。当酶膜上发生酶促反应时，产生的电活性物质由基体电极对其响应。基体电极的作用是使化学信号转变为电信号，从而使化学信号能够加以测定。基体电极可以分为碳质电极（石墨电极、碳棚电极、玻碳电极）、Pt 电极及对应的修饰电极。

2. 工作原理

当酶电极浸入待测溶液，待测底物进入酶层的内部并参与反应时，大部分酶反应都会消耗或产生一种可被电极测定的物质，该物质称为电极活性物质，如 O_2、H_2O、NH_3 等。当反应达到稳态时，电极活性物质的浓度可以通过电位或电流进行测量，因此酶传感器可以分为电位型和电流型两类。电位型酶传感器是用酶电极与参比电极间输出的电位信号来测定待测物的；电流型酶传感器是通过将酶促反应所引起的物质量变化转变为电流信号来测定待测物的，输出电流的大小与底物浓度有直接关系。与其他类型的传感器相比，电位型和电流型酶传感器具有更加简单、直观的效果。酶电极的特性除与基础电极特性有关外，还与酶的活性、底物浓度、酶膜厚度、pH 值和温度有关。

图 5.2 是一种葡萄糖酶电极的检测过程。其敏感膜为葡萄糖氧化酶（GOD），该葡萄糖氧化酶固定在聚乙烯酰胺凝胶上，而转换电极为另一种氧电极。当酶电极插入被测葡萄糖溶液中时，溶液中的葡萄糖因葡萄糖氧化酶的作用而被氧化，此过程中将消耗氧气，生成 H_2O_2，式(5.1)和式(5.2)是该反应的反应式。此时在氧电极附近的氧气含量由于酶促反应而减少，相应使氧电极的还原电流减小，通过测量电流值的变化即可确定葡萄糖的浓度。

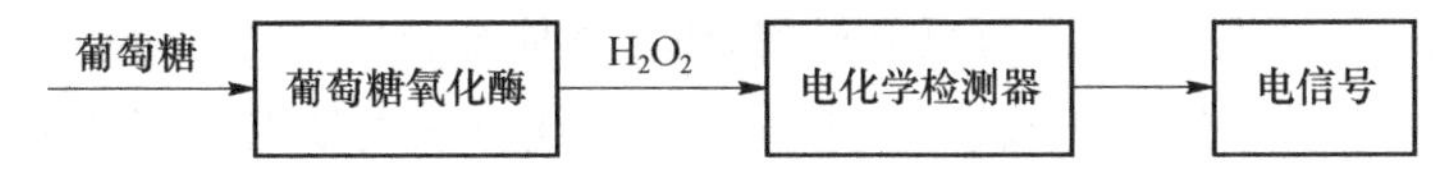

图 5.2 葡萄糖酶电极的检测过程

$$C_6H_{12}C_6 + O_2 \xrightarrow{GOD} C_6H_{12}C_6 + H_2O_2 \tag{5.1}$$

$$H_2O_2 \longrightarrow O_2 + 2H^+ + 2e \tag{5.2}$$

这种酶传感器涉及酶与电极之间的直接电子转移,不需要其他媒介物质,可以在很大程度上提高传感器的灵敏度和选择性,但是由于酶活性中心处在蛋白壳中,与电极有一定距离,直接电子转移容易受到距离的影响。为了促进电子的转移,可以人为地进行掺杂,加入金属纳米粒子、半导体纳米材料等其他导电材料,由于其具有更大的比表面积、良好的生物相容性和稳定性,这些导电材料在酶的固定化中起着重要的作用,既能很稳定地将酶固定,又能很好地保持酶的生物活性。

5.2.2 酶的固定化技术

酶传感器是以酶作为生物识别元件,在酶传感器的构建中,传感器的稳定性和长久使用性特别受到研究者的重视,这两个方面在一定程度上与酶的固定化方法有很大的关联,因此为了提高稳定性,并且延长传感器的寿命,选择合适的固定化方法至关重要。常用的酶固定化方法主要有吸附法、包埋法(也称网格法)、共价键合法、交联法以及微胶囊法,应用最多是前四种方法,如图 5.3 所示。

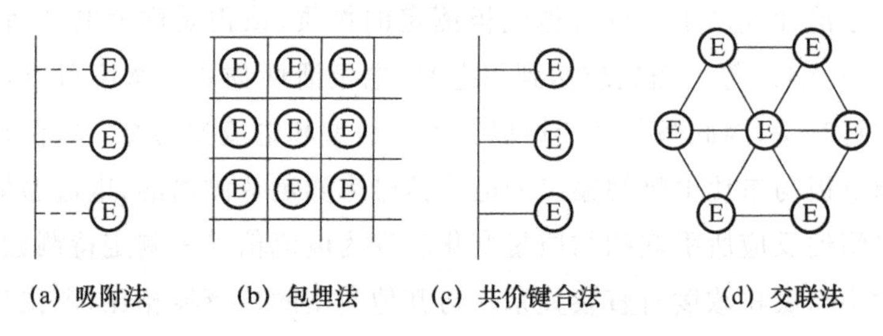

(a) 吸附法　(b) 包埋法　(c) 共价键合法　(d) 交联法

图 5.3 酶的常用的四种固定化方法

(1) 吸附法

吸附法是通过载体表面和酶分子表面间的次级键相互作用而达到固定目的的方法,是固定化方法中最简单的方法。酶与载体之间的亲和力是范德华力、疏水相互作用、离子键和氢键等。吸附法又可分为物理吸附法和离子吸附法。物理吸附法是通过物理方法将酶直接吸附在水不溶性载体表面上而使酶固定的方法,是制备固定化酶最早采用的方法。这种固定化方法的优点是操作简单、价廉、条件温和,载体可反复使用,酶与载体结合后,活性部位及空间构象变化不大,固定后的酶活力较高。但这种固定化方法的缺点也同样明显,酶和载体结合不牢固,在使用过程中容易脱落,容易受到其他外界因素的干扰,制备出来的传感器灵敏度下降明显,所以吸附法常与交联法结合使用。

(2) 包埋法

包埋法是指酶被包埋在聚合物膜或者凝胶的格子形结构中的固定化方法。常用的包埋材料有光电聚合物、褐藻胶和乳胶、电化学合成聚合物等。包埋的过程中,通常是将酶与其他电子媒介一起包埋在聚合物中,其中使用最多的是电化学聚合法,通过电化学聚合方法将酶与单体一起聚合到载体上,并通过酶与单体的吸附和静电作用将酶嵌入聚合物中。该方法具有以下优点:单体的聚合和酶的固定可以一步完成,固定量容易控制,稳定性好。

(3) 共价键合法

共价键合法是将酶与聚合物载体以共价键结合的固定化方法。最普遍的共价键结合基团是氨基、羧基以及苯环。常用来和酶共价耦联的载体的功能基团有芳香氨基、羟基、羧基和羧甲基等。这种方法是固定化酶研究中最活跃的一大类方法,但必须注意,参加共价结合的氨基酸应当是酶催化活性非必需基团,如若共价结合包括了酶活性中心有关的基团,会导致酶的活力损失。用共价键合法制备的固定化酶,酶和载体之间都是通过化学反应以共价键耦联的。由于共价键的键能高,酶和载体之间的结合相当牢固,即使用高浓度底物溶液或盐溶液,也不会使酶分子从载体上脱落下来,所以该方法使得酶的稳定性好且可连续使用较长时间。但是采用该方法时,载体活化的难度较大,操作复杂,反应条件较严格。

(4) 交联法

交联法是使用双功能或多功能试剂使酶分子之间相互交联呈网状结构的固定化方法。由于酶蛋白的功能团,如氨基、酚基等,参与反应,所以酶的活性中心构造可能受到影响,使酶明显失活。该方法中使用最广泛的是戊二醛,戊二醛和酶蛋白中的游离氨基发生反应,形成薛夫碱,从而使酶分子之间相互交联,形成固定化酶。

以上四种酶的固定化方法各有其优缺点。往往一种酶可以用不同方法固定化,但没有一种固定化方法可以普遍地适用于每一种酶。在实际应用时,常将两种或数种固定化方法并用,以取长补短。表 5.3 列举出了四种固定化方法的优缺点。

表 5.3　四种酶固定化方法的比较

特性	固定化方法			
	吸附法	包埋法	共价键合法	交联法
制备	易	较难	难	较难
结合程度	较弱	强	强	强
活力回收率	高,但酶易流失	高	低	中等
再生能力	可能	不可能	不可能	不可能
固定化成本	低	低	高	中等
底物专一性	不变	不变	可变	可变

5.3 微生物传感器

5.3.1 微生物传感器的原理特性及分类

微生物传感器由微生物细胞和电化学器件组成，是酶传感器的衍生型传感器。微生物传感器以活的微生物作为分子识别元件的敏感材料，其结构和工作原理类似酶传感器，两者差异主要由所采用生物活性物质的性质决定。与一般的酶传感器相比，微生物传感器具有以下优点。

(1) 稳定性好，使用寿命长。

(2) 微生物传感器响应迟钝时，可将其放在培养介质中浸泡使之恢复。

(3) 细菌细胞中一般含有多种酶，对于需要多种酶的反应，微生物传感器提供了方便。

(4) 有些酶至今尚无分离办法，微生物传感器可用含有该酶的细菌组成传感器。

(5) 可以克服酶价格昂贵、提取困难和不稳定的缺点。

但是微生物传感器同样有缺点。

(1) 细菌细胞内含有多种酶，这使一些微生物传感器的选择性和灵敏度受到限制。

(2) 因底物需要通过细胞壁扩散，所以微生物传感器响应时间较长。

根据微生物的生理特点，可以将微生物传感器分为呼吸活性型微生物传感器和代谢活性型微生物传感器。

5.3.2 两类微生物传感器

1. 呼吸活性型微生物传感器

呼吸活性型微生物传感器由固定化需氧性细菌膜和氧电极组合而成。它是以细菌呼吸活性物质为基础测定被测物的。当将该传感器插入含有饱和溶解氧的试液中时，试液中的有机物受到细菌细胞的同化作用，细菌细胞呼吸加强，扩散到电极表面上氧分子的量减少，电流减小。当有机物由试液向细菌膜扩散速度达到恒定时，细菌的耗氧量也达到恒定，此时扩散到电极表面上的氧量也变为恒定，因此会产生一个恒定电流。此电流与试液中的有机物浓度存在定量关系，据此可测定有关有机物。图 5.4 是呼吸活性型微生物传感器的原理图。

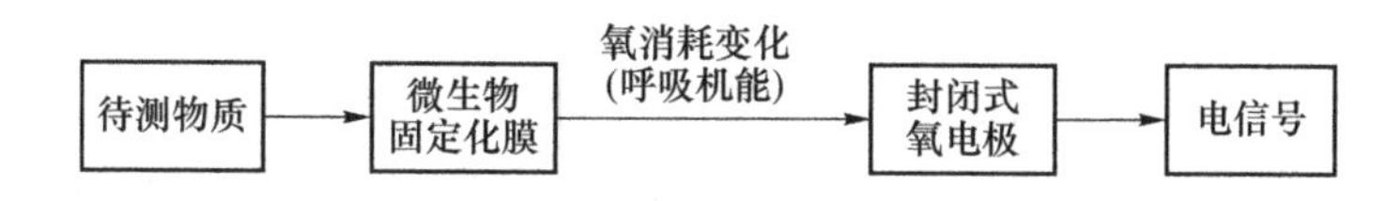

图 5.4　呼吸活性型微生物传感器的原理图

2. 代谢活性型微生物传感器

代谢活性型微生物传感器由固定化的厌氧菌膜和相应的电化学传感元件组合而成。它是以细菌代谢活性物质为基础测定被测物的。此类细菌摄取有机物产生的各种代谢产物，若代谢产物是氢、甲酸或各种还原型辅酶等，则可用电流法测定；若代谢产物是二氧化碳、有机酸（氢离子）等，则可用电位法测定。根据测定的电流或电位便可得到有机物浓度的信息。图 5.5 是代谢活性型微生物传感器传感的原理图。

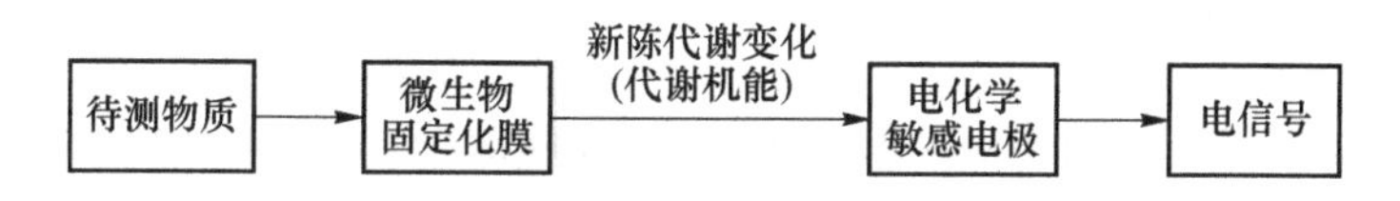

图 5.5　代谢活性型微生物传感器的原理图

5.3.3　微生物传感器的应用与发展

1. 应用领域

1975 年 Divies 制成了第 1 个微生物传感器，到目前，微生物传感器可测定物质已达六七十种。微生物传感器不仅可以测定单一成分物质（如葡萄糖等各类碳水化合物、甲酸等各类有机酸、硝酸盐等各类含氮化合物和各类氨基酸等），还可以测定多种化合物的总量和集合效应。

在发酵工业领域，微生物传感器已应用于原材料、代谢产物的测定。微生物传感器可不受发酵过程中常存在的干扰物质的干扰，并且不受发酵液混浊程度的限制。在生物工程领域，微生物传感器已用于酶活性的测定。微生物传感器还能用于测定微生物的呼吸活性，并在微生物的简单鉴定、生物降解物的确定、微生物保存方法的选择等方面也有应用。在医学领域里，在研究致癌物质对遗传因子的变异诱发性时，人们可利用微生物传感器对致癌物质进行一次性筛选。

环境监测领域是微生物传感器应用最广泛的领域，其典型代表是 BOD（生物需氧量）传感器。它可以测定水中可生物降解有机物的总量，即生化需氧量。另外，微生物遇到有害离子 CN^-，Ag^+、Cu^{2+} 等会产生中毒效应，可利用这一性质实现对废水中有毒物质的评价。此外，硫化物微生物传感器可用于测定煤气管道中含硫化合物等。

2. 发展展望

微生物传感器最大的优点就是成本低、操作简便、设备简单，其在市场上的前景是十分巨大和诱人的。测定对象中的毒害因素（如重金属和有毒有机物等），是影响微生物传感器稳定响应和寿命的关键因素，也是微生物传感器市场化的主要控制因素。因此，开发新的固定化技术，利用微生物育种、基因工程和细胞融合技术研制出新型、高效耐毒性的微生物传感器是该领域科研工作者面临的课题。随着生物技术、材料科学、微电子技术等的发展取得更大的进步，微生物传感器也会逐步趋向微型化、集成化、智能化。

细胞传感器

5.4 细胞传感器

细胞是生命结构和功能的基本单元，而细胞器是功能高度集中的分子集合体。此外有些酶很不稳定，难以提取、纯化，若使用含这种酶的细胞器，酶在其中处于稳定状态，则便于制成合适的传感器。由细胞分离出来的细胞器是粒状的，通常利用固定化技术将其制成薄膜状。

细胞传感器是采用固定化的生物活细胞作为生物传感器的分子识别元件，结合传感器和理想换能器，能够产生间断或连续的数字电信号。其构成包括三部分：一级感受器（细胞）、二级感受器（换能器）、信号处理和分析系统。细胞作为生物敏感元件，能对外界刺激或者环境变化做出响应，而换能器的作用是将各种生物信号、理想信号转化为电信号，然后通过数据分析处理，得出相应结果。

5.5 免疫传感器

动物防疫系统如图 5.6 所示，免疫机制主要分为三个阶段：第一阶段和第二阶段均为非特异性，第三阶段是特异性的。第一阶段主要是依靠物理生化屏障，如皮肤、黏膜、皮肤及黏膜分泌物、胃酸等；第二阶段主要是依靠吞噬细胞、体液中抗菌蛋白、炎症应答；第三阶段主要是依靠细胞免疫、体液免疫（抗原抗体反应）。

酶传感器和微生物传感器主要是以低分子有机化合物作为测定对象，对高分子有机化合物的识别能力有限。利用抗体对抗原的识别和结合能力，可构成对蛋白质、多糖类等高分子化合物具有高选择性的传感器。而免疫传感器正是依据抗原和抗体之间的特异性和亲和性，利用抗体检测抗原或利用抗原检测抗体的传感器，经过特性反应的结果是生物膜的电位发生变化。

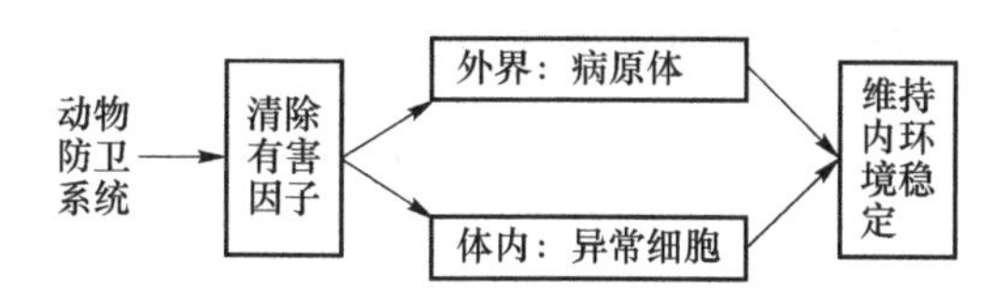

图 5.6　动物防疫系统

免疫传感器利用免疫细胞作为敏感元件，使得免疫传感器成为细胞传感器中一个重要而又很有特色的分支，在拓展了细胞传感器范围的同时大大增强了细胞传感器的实际应用能力。这种用作传感器敏感元件的免疫细胞不仅保持了本身的免疫识别和免疫应答能力，还具有生物信号的转换功能，能把免疫细胞选择性地识别出的特定化学物质（酶、微生物、免疫体和复杂蛋白质等）的生物信号转换成电信号、光信号、热信号、力信号等，使之能被换能器检测到，信号经过放大输出和处理后，就可以获取原始的生物识别数据。

5.5.1　免疫传感器原理

免疫传感器是基于亲和作用，将特异性免疫反应与相应的信号转换技术结合起来，用以监测抗原-抗体反应的生物传感器，已逐渐在许多领域得到快速发展和广泛应用。免疫传感器的一般工作原理：固定在换能器上的抗体（抗原）对样品介质中的抗原（抗体）进行特异性免疫识别，并且产生随分析物浓度的变化而变化的分析信号。在抗体的不同区域和抗原决定簇之间的高特异性反应主要包括疏水力、静电作用力以及氢键作用力这几种不同类型的作用力。抗体-抗原之间的作用力是可逆的，由于抗体和抗原之间的作用力相对较弱，形成的免疫复合物的解离主要取决于其反应的环境（如介质 pH 和离子强度等）。抗体和抗原之间的结合强度通常用亲和常数 K 表征，K 的数值通常在 $5\times10^{4}\sim1\times10^{12}$ L/mol。抗体和抗原之间的这种高亲和性和高特异性的结合反应决定了免疫传感器具有独一无二的特征：专一性和选择性。

一般来讲，免疫传感器的设计主要包括三个独立却又紧密联系的部分：生物识别要素部分、电子线路部分和物化换能器部分。通常作为生物识别要素的有抗体或抗体衍生物（抗原或半抗原），其直接固定在物化换能器上或者与换能器紧密相连，用来识别生物分子。这种识别反应决定了换能器装置的高选择性和灵敏性。电子线路用于放大或数字化由换能器装置输出的物理化学信号，如电化学（电势、阻抗、电容、电导、安培）、光学（荧光、折射率、发光）及微重量分析等信号。一个理想的免疫传感器应该具有以下能力。

（1）检测和定量抗原（抗体）的能力。

(2) 在没有外加试剂时转化免疫结合结果的能力。

(3) 在同一装置上测量重现的能力。

(4) 对实际样品特异性结合的抗体的检测能力。

由于免疫细胞是传感器的信号变换部位,因此免疫细胞的特性决定了免疫传感器具有极好的选择性和灵敏度,同时还具有噪声低、反应时间短、重复性好、节省检测样品的优点。与传统的耗时、高费用、手续烦琐的检测方法相比,免疫传感器是一种准确、快速、高效、自动化的崭新检测方法,具有很大的应用潜力。

5.5.2 免疫传感器的主要类型

根据换能器的类型不同,免疫传感器主要分为电化学免疫传感器、光学免疫传感器、微重量免疫传感器。根据操作方式的不同,免疫传感器还可以分为直接型免疫传感器和非直接型免疫传感器。直接型免疫传感器是指在没有外加标记物时,换能器能直接测量免疫复合物于界面形成时的物理效应或化学效应。非直接型免疫传感器在检测过程中通常会使用一种或多种标记物,换能器通过间接检测标记物的信号来检测被分析物质。非直接型免疫传感器需多次洗涤及分离的步骤,有时也被称为免疫分析。相对于直接型免疫传感器,非直接型免疫传感器具有灵敏度高、耐干扰性强等优点。图 5.7 是直接型免疫传感器和非直接型免疫传感器的一般工作原理。

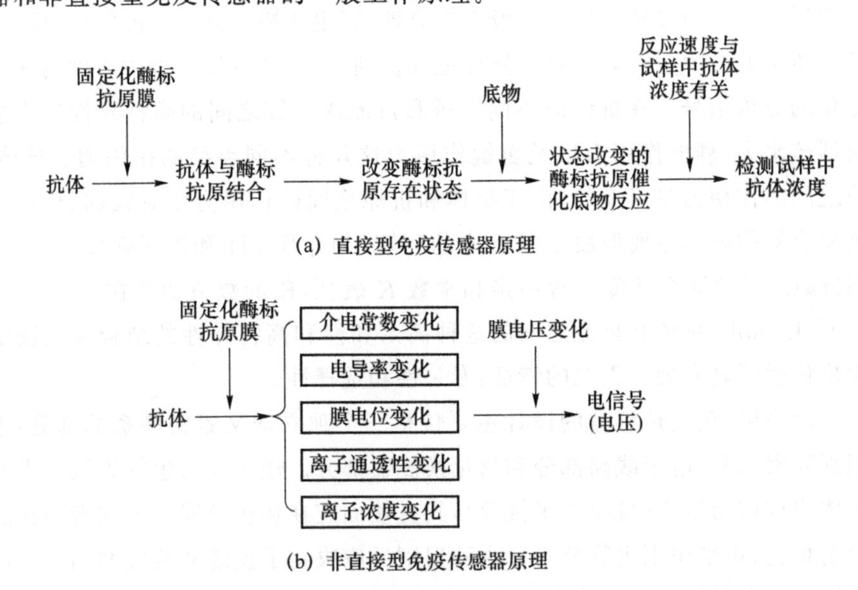

图 5.7 直接型免疫传感器和非直接免疫传感器的工作原理

1. 电化学免疫传感器

电化学免疫传感器由于具有高灵敏度、低成本和灵活便携等优点,成为免疫传感器中研究最早、种类最多的一个分支，也是较为成熟的一个分支。电化学免疫传感器的基本工作原理是采用电化学检测方法检测标记物的免疫试剂或者一些酶、金属离子和其他电活性物质标记的标记物，从而对疾病诊断或者患者状态监测中复杂体系的多组分混合物分析提供数据。用于电化学免疫传感器检测中的换能器主要分为电位型、电流型、电容型及电导型四大类。

(1)电位型免疫传感器直接或间接用在检测各种抗原、抗体方面，具有响应时间短、可实时检测等特点，主要分为直接型电位型免疫传感器和酶标记电位型免疫传感器。直接型电位免疫传感器利用抗原或抗体在水溶液中两性解离本身带电的特性，若将其中一种固定在电极表面或膜上，当另一种与之结合形成抗原抗体复合物时，原有的膜电荷密度将发生改变，从而引起膜的电位和离子迁移的变化，最终导致膜电位改变。酶标记电位型免疫传感器将免疫化学的专一性和酶化学的灵敏性融为一体，用于对低含量物质的检测，主要用到的标记酶有辣根过氧化物酶(HRP)、葡萄糖氧化酶、碱性磷酸酶和脲酶。

电位型免疫传感器存在的主要问题是非特异性吸附和背景干扰。一般来说，生物分子的电荷密度相对于溶液背景来说比较低，这使得电位型免疫传感器的信噪比一般都较低，同时，生物样品中干扰组分在电极表面的非特异吸附会带来干扰，影响了测定的可靠性，这些缺陷成为电位型免疫传感器应用于实际的障碍。

(2) 电流型免疫传感器的主要原理有竞争法和夹心法两类。竞争法是用酶标抗原与样品中的抗原竞争结合电极上的抗体，催化氧化还原反应，产生的电活性物质会引起电流变化，从而可测得样品中抗原浓度。夹心法是在样品中的抗原与电极上的抗体结合后，再将酶标抗体与样品中的抗原结合，形成夹心结构，从而催化氧化还原反应，产生电流值变化。第一代酶标记电流型免疫传感器以非电活性物质(如 O_2 等)作为氧化还原的电子受体为代表。先用竞争法或夹心法将葡萄糖氧化酶或过氧化物酶标记物结合到膜或电极上，再通过氧电极测量葡萄糖转化为葡萄糖酸过程中消耗的氧，或过氧化氢分解过程中产生的氧。

(3) 物质在电极表面的吸附以及电极表面电荷的改变都会对双电层电容产生影响，电容型免疫传感器正是建立在这一理论基础上的。当弱极性的物质吸附到电极表面上时，双电层厚度增大，介电常数减少，从而使得双电层电容降低。蛋白质作为一类弱极性的生物大分子，吸附到电极表面后会明显地降低电极表面双电层电容。目前研究正处于起步阶段，由于其具有制作简单、无须任何标记、灵敏度很高、检测限低等突出的优点，引起了人们的广泛关注，近年来得到很快的发展。

(4) 电导型免疫传感器是通过测量免疫反应引起的溶液或薄膜的电导变化来进行分析的生物量传感器。电导型免疫传感器使用酶作为标记物，酶催化其底物发生反应，导致离子种类或离子浓度发生变化，从而使得溶液导电率发生改变。这种免疫传感器构造简单、使用方便，但是这类传感器受待测样品离子强度以及缓冲液容积的影响很大，另外，在这类传感器的应用中非特异性问题也很难得到有效解决，因此电导型免疫传感器发展比较缓慢。

2. 光学免疫传感器

几乎所有的光学现象（发光、荧光、散射、折射等）都可以用来研究生物量化学传感器，与传统的免疫检测方法相比，光学免疫传感器被认为是临床诊断和环境分析的一种有效的方法，近年来由于光学传感技术的迅速发展，光学技术在免疫传感器上应用的比重在逐年上升。光学免疫传感器可以分为两类：直接型光学免疫传感器和基于分子信号标记的间接性免疫传感器。

目前商品化程度最高的是表面等离子体共振（SPR）免疫传感器（如图 5.8 所示）。SPR 是一种物理光学现象，SPR 检测是利用表面等离子体波进行检测的一项技术，当样品与芯片表面的生物分子识别膜相互作用时，会引起金膜表面折射率的变化，这将导致 SPR 角度变化，通过检测 SPR 角的变化，可以获得被分析物的浓度、亲和力、动力学常数等信息。

SPR 免疫传感器

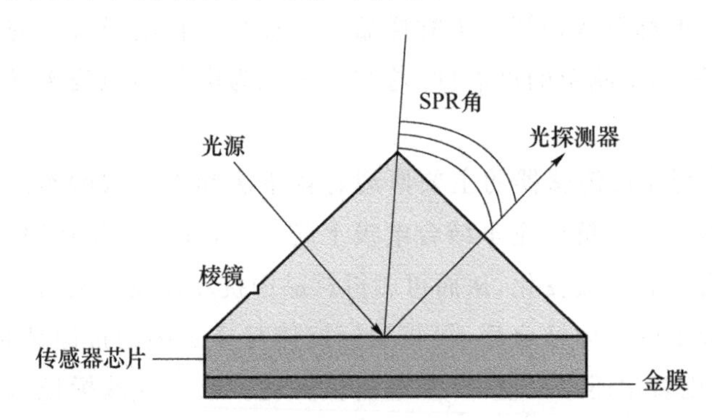

图 5.8 SPR 免疫传感器示意图

与其他光学免疫传感器相比，SPR 生物传感器具有如下显著特点。

（1）能实时检测，并且能动态地监测生物分子相互作用的全过程。这是 SPR 生物传感器独有的特点，是传统的检测方法所办不到的。

（2）无须标记样品，保持了分子活性。

（3）样品需要量极少。

（4）检测过程方便快捷，灵敏度高，其检测灵敏度可以与放射性元素标记技术媲美。

（5）应用范围非常广泛。

（6）能获得高通量、高质量的分析数据等。

另外，具有高灵敏度和高选择性的荧光光学检测技术与荧光标记物标记的免疫试剂相结合的荧光免疫传感器也得到了广泛应用。荧光标记的抗体或抗原结合到传感器表面，并进入光场中，入射光激发荧光分子，从而可以产生可测量的荧光信号。基于荧光增强或猝灭技术的光导纤维免疫传感系统在检测基于抗原-抗体反应的多种蛋白质时，具有免分离和无试剂加入的优点。

3. 微重量免疫传感器

微重量免疫传感器结合了压电响应的高灵敏度和抗体-抗原反应的高特异性。其检测的基本原理：在吸附识别区发生的选择性结合会引起传感器表面质量和界面特性（黏弹性和表面硬度）的改变，这些改变可以通过振荡频率的位移来识别。该类传感器的突出特点是成本低、操作简单、灵敏度高和能够实时输出。微重量传感器有气相和液相两种传感模式，广为人知的是石英晶体微天平。

5.5.3　免疫传感器的应用与前景

① 在预防医学中，应用生物量传感器可将内外环境的监测统一起来。例如，乙酸胆碱传感器既可用于外环境中有机磷农药的监测，又可用于评价这种农药进入人体后可能对神经传递过程产生的影响。

② 现代医学研究已进入细胞和生物分子水平，微型生物量传感器的问世为了解细胞内的代谢过程和生物大分子的运动变化提供了信息。目前的微型生物量传感器已能插入细胞内进行监测。日本研究的一种蚊子型生物量传感器的探头只有 0.5 μm 粗，可直接刺入人体病变细胞，边检查边由计算机显示出病变信号。

③ 日本和北美的几家公司研制出一种外形像电子笔一样的生物量传感器——血液探针。在这种传感器的“笔尖”上滴一滴血，3 分钟后便可由液晶数字显示器读出血糖浓度。它的问世使糖尿病患者在家中就可自己测量血糖变化。

目前，免疫传感器在病院微生物检测、药物机制和药物筛选以及环境监测等方面都得到了广泛的应用，但仍然存在许多复杂的问题，如免疫细胞类型的选择、转基因免疫细胞的培养、细胞活性的保持等方面还有待改进。免疫传感器将来的发展方向是阵列化、微型化、集成化以及智能化。经基因工程构建的免疫细胞拥有一系列特异的分子识别元件，如受体、离子通道、酶等，这些分子都可以作为靶分析物，当他们对外界刺激敏感时，就会激活相应的反应途径产生可以被检测到的生物信号。所以将探测单元和敏感元件合二为一的免疫传感器可以响应许多具有生物活性的被分析物，这有助于更深入地研究被分析物对免疫细胞造成的功能改变。相信在不久的将来，免疫传感器会成为医学检测、环境监测以及药物研究和开发领域中必不可少的工具。

5.6 组织传感器

直接采用动植物组织薄片作为敏感元件的电化学传感器称为组织传感器。其主要利用动植物组织中酶的催化作用,优点是酶活性及传感器稳定性均比较好,材料易于获取,制备简单,使用寿命长,但在选择性、灵敏度、响应时间等方面还有许多不足。组织电极与酶电极相比有如下特点。

(1) 酶的活性更高。这是因为天然动植物组织中除酶分子外,还存在辅酶及酶促反应所需其他必要成分,酶促反应处于最佳环境中,能保存酶的活性,诱导催化。

(2) 酶的稳定性增强。由于酶处在适宜的自然环境中,同时又被固定化,酶不易流失,可反复使用,寿命较长。

(3) 所用生物材料易于获取,可代替昂贵的酶试剂。

(4) 识别元件的制作简便,一般不需进行固定化。但目前组织电极的选择性、灵敏度、响应时间、寿命等还不够理想。

组织传感器多是用由动植物薄片材料制成的敏感膜和传感元件。其传感元件多用气敏电极,因为气敏电极有很好的选择性,可避免测定体系中金属离子及某些有机分子的干扰,而且气敏电极膜是便于装卸的片状结构,有利于组织传感器的组装。动物组织传感器比植物组织传感器的实用性要强一些。下面介绍两类组织传感器。

5.6.1 动物组织传感器

组织传感器中动物组织传感器研究较早,发展速度较快,现对常见的动物组织传感器进行简单介绍。

1. 肾组织传感器

猪肾-谷氨酰胺传感器利用的是肾组织中的谷氨酰胺水解酶可催化试样中的谷氨酰胺原理,其酶促反应如下:

$$\text{谷氨酰胺} + H_2O \xrightarrow{\text{谷氨酰胺水解酶}} \text{谷氨酸} + NH_3$$

酶促反应生成的氨通过氨气敏电极的透气膜扩散到内充液中,破坏了内充液的化学平衡,使反应向左移动,改变了内充液的 pH,因此可以使用 pH 玻璃电极测定 H^+ 的活度变化,进而推算出谷氨酰胺的含量。

$$NH_4^+ + OH^- \longrightarrow NH_3 + H_2O$$

2. 肝组织传感器

动物肝脏中含有丰富的过氧化氢酶,因此用动物肝脏敏感膜可与氧电极组成测定 H_2O_2 及其他过氧化物的组织传感器,动物肝组织敏感膜也可以与辣根过氧化物酶(HRP)偶联组成测定半抗原的复合传感器,也可以根据肝组织所含其他成分,组成测定其他组分的组织传感器,如肝组织中含有的鸟嘌呤胱氨酶可用于测定鸟嘌呤。现以牛肝-酶标免疫传感器的实例进行说明。将牛肝组织敏感膜与辣根过氧化物酶耦联,利用竞争反应测定胰岛素。将牛肝组织膜与氧电极组成牛肝-H_2O_2 电极插入含有辣根过氧化物酶标记的胰岛素溶液中,并加入定量的 H_2O_2,下列两个反应同时存在:消耗了定量的 H_2O_2,氧电极的输出信号降低。当 H_2O_2 与还原物质一定时,HRP 标记的胰岛素与电流的降低相关。此电极的寿命可达 3 个月以上,适用于临床检测。

$$H_2O_2 \xrightarrow{\text{肝(过氧化)}} H_2O + \frac{1}{2}O_2$$

$$H_2O_2 + \text{还原物质} \xrightarrow{\text{HRP}} H_2O + \text{氧化物质}$$

3. 其他动物组织传感器

动物组织电极中除肾、肝组织传感器发展较快外,肠组织传感器、肌肉组织传感器及胸腺组织传感器的研制亦有较快发展。

根据动物肠组织、胸腺组织中含有较多的腺苷脱氨酶,已经研制出鼠小肠-腺苷传感器。该传感器可用于腺苷的测定,其反应是用腺苷脱氨酶催化腺苷水解脱氨,即

$$\text{腺苷} + H_2O \xrightarrow{\text{腺苷脱酶}} \text{肌苷} + NH_3$$

此外,由于肌肉组织中含有 AMP 脱氨酶(AMP 脱氨酶可催化 AMP 水解),所以,可用兔肌-AMP 传感器测定 AMP,其催化反应为

$$AMP + H_2O \xrightarrow{\text{AMP 脱氨酶}} 5'\text{-单磷酸次黄苷} + NH_3$$

5.6.2　植物组织传感器

植物组织传感器利用植物组织中的酶特异性催化底物,产生电活性物质,从而引起基础电极的响应。由于植物组织传感器所用材料的酶源简单易得、成本低廉、易于保存,所以它的发展速度很快。组成植物组织传感器所用的基础电极多为 CO_2 气敏电极、氨气敏电极和氧电极。所以下面按照基础电极的分类进行介绍。

1. 基于 CO_2 气敏电极的植物组织传感器

基于 CO_2 气敏电极的植物组织传感器测定时所依据的酶促反应中都有 CO_2 生成,故采用 CO_2 气敏电极作为基础电极。

例如，对于黄南瓜-L-谷氨酸电极，黄南瓜组织中含有谷氨酸脱羧酶，在某些试剂的参与下，谷氨酸脱羚酸可使 L-谷氨酸发生反应，生成物中有 CO_2 气体，将黄南瓜中的皮层切片（作为敏感膜）与 CO_2 气敏电极组装成植物组织传感器则可测定 L-谷氨酸。再例如，使用玉米芯-丙酮酸电极可使丙酮酸发生酶促反应：

$$\text{丙酮酸} \xrightarrow{\text{玉米芯}} \text{乙醛} + CO_2$$

将玉米芯切片作为敏感膜固定于 CO_2 电极表面，可以组成植物组织传感器测定丙酮酸。丙酮酸脱羧酶的辅酶是镁离子，电极首先需要浸泡在含辅酶的活性缓冲溶液中活化，激活丙酮酸脱羧酶，然后进行测定。

2. 基于氨气敏电极的植物组织传感器

凡是植物组织敏感膜中所含的酶能与底物能发生酶促反应并能生成 NH_3，就都可采用 NH_3 气敏电极（作为基础电极）来组成植物组织传感器，如用植物叶研制的黄瓜叶-L-半胱氨酸电极、紫玉-L-精氨酸电极、兰花-L-精氨酸电极、菊花-L-精氨酸电极等。

例如，黄瓜叶-L-半胱氨酸电极是根据黄瓜叶中含有脱硫化氢酶，可与 L-半胱氨酸发生降解反应，最终生成氨气。将黄瓜叶表面的蜡质膜除去，露出具有催化作用的表皮细胞层。取表皮细胞层（作为敏感膜）置于 NH_3 气敏电极的透气膜上，用尼龙网制成的组织电极可以直接与被测溶液接触，从而我进行测定。

3. 基于氧电极的植物组织传感器

包括真菌类植物在内，许多植物（如香蕉、苹果、土豆、蘑菇等）均含有丰富的多酚氧化酶，它在催化氧化底物的同时使耗氧量增加。上述植物组织（作为敏感膜）与氧电极组装成的组织传感器，可通过耗氧量来对底物进行测定。

5.7 生物量传感器的应用

5.7.1 在传统医学方面的应用

基础研究：生物量传感器可实时监测生物大分子之间的相互作用。借助于这一技术动态观察抗原、抗体之间结合与解离的平衡关系，可较为准确地测定抗体的亲和力及识别抗原表位，帮助人们了解单克隆抗体特性，有目的地筛选各种具有最佳应用潜力的单克隆抗体。

临床应用：用酶传感器、免疫传感器等生物量传感器来检测体液中的各种化学成分，为医生的诊断提出依据。

生物医药：利用生物工程技术生产药物时，将生物量传感器用于生化反应的监视，可以迅速地获取各种数据，有效地加强生物工程产品的质量管理。

5.7.2 在非传统医学方面的应用

生物量传感器除了应用于传统的医学领域（如动态检测人体血压、体温、血液酸碱度、血氧含量，检测酶活性、蛋白质等生化指标方面）外，还在其他非传统医学领域获得了应用。

（1）在发酵工业中的应用

生物量传感器在发酵工业中的应用如表5.4所示。

表5.4 生物量传感器在发酵工业中的应用

参数	传感器	参数	传感器
温度	热电偶、热敏电阻、铂电阻温度计	CO_2 的浓度	CO_2 电极、膜管传感器
罐压	隔膜式压力表	醇类物质浓度	膜管传感器，生物量传感器
气体流量	热质量流量计	基质和代谢物浓度	生物量传感器
搅拌转速	转速传感器	NH_4^+	氨离子电极、氨电极，生物量传感器
搅拌功率	应变计	金属离子浓度	离子选择性电极
料液量	测力传感器	排气中氧分压	热磁氧分析仪
气泡	接触电极	排气中 CO_2 分压	红外气体分析仪
流量	转速传感器、测力传感器	浊度或菌体浓度	光导纤维法、等效电容法
pH	复合玻璃电极	氧的浓度	覆膜氧电极、膜管传感器
氧化还原电位	复合铂电极		

（2）在空间生命科学发展中的应用

空间飞行对生命系统产生重大影响的问题很多。例如，在调查微重力环境和空间飞行对大鼠生命的影响时，必须在一段长时间内保证大鼠可相对自由的行动。这些研究用现在的仪器检测技术和数据收集系统是无法做到的，而可植入的生物量传感器和微型生物遥测技术的结合在这方面有着巨大的发展潜力。可以预计，可植入生物体内的传感器和生物遥测技术的结合将使灵活方便地远距离测量连续在线的资料成为可能，关于它的研究将推动现代医学和空间生命科学的迅速发展。

（3）在环境监测中的应用

传统的环境监测通常采用离线分析方法，这种方法操作复杂，所需仪器昂贵，且不适宜进行现场快速监测和连续在线分析。随着环境污染问题日益严重，生物量传感器在建立和发展连续、在线、快速的现场监测体系中发挥着重要作用。

① 水质监测

BOD是衡量水体有机污染程度的重要指标，BOD的研究对于水质监测及处理都是非常重要的，此研究也成为水质检测科技发展的方向。测定BOD所用的传统标准稀释法所需时间长，操作烦琐，准确度差，而BOD传感器不仅能满足实际监测的要求，并具有快速、灵敏的特点。自1977年首次将丝孢酵母菌分别用聚丙酰胺和骨胶原固定在多孔纤维素膜上，利用BOD微生物传感器测定水中BOD以来，此项技术得到了迅速的发展。目前，已有可用于测定废水中BOD值的生物量传感器和适于现场测定的便携式测定仪。随着BOD快速测定研究的不断深入，研究发现BODst（快速BOD测定值）还可作为在线监测生物处理过程的一个重要参数。

② 大气质量监测

生物量传感器可监测大气中的CO_2、NO、NH_3及CH_4等。Antonelli等人采用地衣组织研制了一种传感器，有望用于对大气、水和油等物质中苯浓度的监测。用多孔渗透膜、固定化硝化细菌和氧电极组成的微生物传感器可测定样品中亚硝酸盐含量，从而推知空气中NO的浓度，其检测极限为1×10^{-8} mol/L。

(3) 在食品工程中的应用

食用牛肉很容易被大肠杆菌0157. H7. 所感染，因此需要快速、灵敏的方法检测和防御大肠杆菌0157. H7. 一类的细菌。2002年，Kramer等人研究的光纤生物量传感器可以在几分钟内检测出食物中的病原体（如大肠杆菌0157. H7. 等），而传统方法则需要几天。生物量传感器可以直接测量102CFU（菌落形成单位）的大肠杆菌0157. H7.，检测病原体之后便可以将它分离到培养基上生长。利用生物量传感器的方法从检测出病原体到从样品中重新获得病原体并使它在培养基上独立生长总共只需1天时间，而传统方法需要4天。

还有一种快速灵敏的免疫生物量传感器可以用于测量牛奶中双氢除虫菌素的残余物。它是基于细胞质基因组的反应，通过光学系统传输信号，一天可以检测20个牛奶样品。

习　题

5.1　现有氨基酸600个，其中，氨基总数为610个，羧基总数为608个，则由这些氨基酸合成的含有2条肽链的蛋白质共有肽键、氨基和羧基的数目依次是多少？

5.2　生物量传感器的工作原理是什么？

5.3　举例说明酶传感器的应用。

5.4　微生物传感器分为哪几种？各有何特点？

5.5　用某植物测得图5.9所示的数据。

30 ℃		15 ℃
一定强度的光照 10 h	黑暗下 5 h	黑暗下 5 h
CO_2 减少 880 mg	O_2 减少 160 mg	O_2 减少 80 mg

图 5.9　数据

若该植物处于白天均温 30 ℃、晚上均温 15 ℃、有效日照 15 h 的环境下，请预测该植物 1 天中积累的葡萄糖为多少？

5.6　葡萄糖传感器的工作原理是什么？

5.7　人体组织细胞(如骨骼肌细胞)有氧呼吸时需要的 $C_6H_{12}O_6$ 和 O_2 从外界进入该细胞中参与反应，各自至少需要通过多少层生物膜？简述具体是哪些膜？

第 6 章　微机电(MEMS)传感器技术

MEMS 在我们的生产，甚至生活中早已无处不在，几乎所有近期的电子产品都应用了 MEMS 器件，如智能手机、健身手环、打印机、汽车、无人机以及 VR/AR 头戴式设备等。在物联网发展趋势中对传感器提出了小型化乃至微型化方面的需求。MEMS 工艺是传感器制造的主流工艺，是物联网核心技术的基础，有助于物联网传感器件的微型化。随着 MEMS 技术的发展，它在物联网领域展现出更多的技术复杂性与更高的价值，将对物联网的发展起到极大的推动作用。

6.1　MEMS 概况及发展现状

6.1.1　MEMS 的定义

MEMS 的全称是微电子机械系统(Micro-Electromechanical System)，它是指可批量制作的，将微型结构、微型传感器、微型执行器以及信号处理和控制电路、接口、通信和电源灯集成于一体的微型器件或系统。依据机械器件结构的尺寸，将特征尺寸在 1 μm～1 mm 范围内的机械称为微型机械，特征尺寸在 1 nm～1 mm 范围内的机械称为纳米机械，由这些微机械所构成的机电系统称为微纳机电系统。理想的 MEMS 应包含图 6.1 中的几个部分。

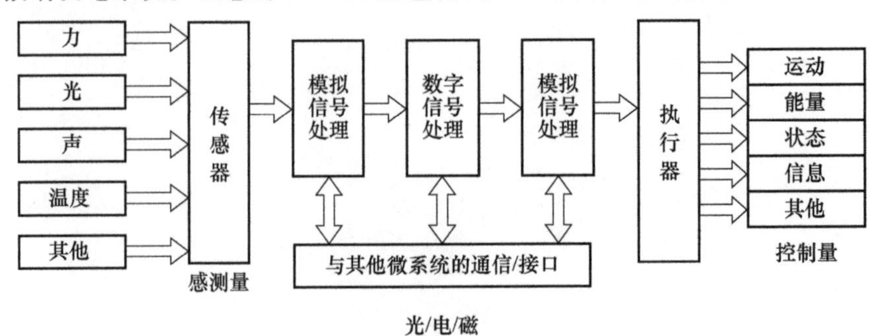

图 6.1　微机电系统的模型框图

MEMS 是由微机械(微米/纳米级)与集成电路(Integrated Circuit,IC)集成的微系统,它是对系统级芯片的进一步集成,我们几乎可以在单个芯片上集成任何东西。例如,机械构件、驱动部件、光学系统、发音系统、化学分析系统、无线系统、计算系统、电控系统可以集成为一个整体单元的微型系统。因此 MEMS 是一门综合学科,学科交叉现象极其明显,主要涉及微加工技术、机械学/固体声波理论、热流理论、电子学、生物学等。

MEMS 不仅能够采集、处理与发送信息或指令,还能够按照所获取的信息自主地或根据外部的指令采取行动。它既可以根据电路信息的指令控制执行器实现机械操作,也可以利用传感器探测或接收外部信息,传感器将转换后的信号交由电路处理,再通过执行器将处理过的信号变为机械操作,从而去执行信息命令。MEMS 采用微电子技术和微加工技术相结合的制造工艺,实现了微电子与机械装置的融合,制造出各种性能优异、价格低廉、微型化的传感器、执行器、驱动器、信号处理和控制电路、接口电路、微系统。

6.1.2　MEMS 的特点

毫无疑问,MEMS 会不断有新的应用领域,MEMS 产品因其功能丰富、尺寸小、性能特征独特和成本低的优势在市场中极具竞争力。与传统机电系统相比,MEMS 不仅是将体积缩小,而且在材料特性、加工、成本和检测等方面有很大的不同,具有以下几个特点。

① 尺寸小型化。

典型 MEMS 器件的长度尺寸通常在 1 mm～1 cm 范围内(MEMS 器件阵列或整个系统的尺寸可能会更大)。小尺寸可以带来柔性支撑、高谐振频率、高灵敏度和低热惯性等许多优势,例如,微机械设备的传热速度通常很快。小型化意味着 MEMS 器件可以非插入式地集成到关键系统中。从实际应用的角度来看,更小的器件尺寸既可以在每个晶元上集成更多的器件,又可以实现更大的规模经济。

② 制造材料性能优良。

MEMS 器件以硅为主要材料,硅的强度、硬度和杨氏模量与铁相当,密度类似于铝,热传导率接近铜和钨,因此 MEMS 器件的机械电气性能优良。硅的物质特性有一定的优点,单晶体的硅遵守胡克定律,几乎没有弹性滞后的现象,因此几乎不耗能,其运动特性非常可靠。此外,硅不易折断,因此非常可靠,其使用周期可以达到上兆次。地球表层硅的含量为 2%,几乎取之不尽,因此 MEMS 产品在经济性方面更具竞争力。

③ 可以进行高精度、低成本的批量制造。

MEMS 技术可以高精度地加工小尺寸的二维或三维微结构,而传统机械加工技术不能重复地、高效地或低成本地加工这些微结构。结合光刻技术，MEMS技术可用于加工独特的三维结构，采用传统的机械加工或制造技术制造这些结构难度大且低效。现代光刻系统和光刻技术可以很好地定义结构，整片工艺的一致性好，批量制造的重复性也非常好。若单个MEMS传感器芯片面积为5 mm×5 mm，则一个直径为20 cm的硅片可切割出约1 000个MEMS传感器芯片，这样分摊到每个芯片上的制造成本则可大幅度降低。

④ 采用微电子集成。

MEMS最独特的特点之一是可以将机械传感器和执行器、处理电路、控制电路同时集成在同一块芯片上。这种集成方式称为单片集成，即应用整片衬底的加工流程，将不同部件集成在单片衬底上。

⑤ 涉及多学科。

MEMS涉及物理学、电子工程、化学、材料工程、机械工程、医学、信息工程及生物工程等多种学科和工程技术，并集约了当今科学技术发展的许多尖端成果。

⑥ 方便扩展。

由于MEMS技术采用模块设计，因此设备运营商在增加系统容量时只需要直接增加器件/系统数量，而不需要预先计算所需要的器件/系统数量，这对于运营商是非常方便的。

6.1.3 面向物联网应用的MEMS传感器技术

MEMS是多种学科交叉融合并具有战略意义的前沿高新技术，是未来的主导产业之一。MEMS以其微型化的优势，在汽车、电子、家电、机电等行业和军事领域有着极为广阔的应用前景，特别是进入物联网时代后，只有MEMS能够满足物联网应用对传感器和执行器的要求。

第一个优势是MEMS传感器的体积小，一般单个MEMS传感器的尺寸以毫米甚至微米为计量单位，且它的重量轻、耗能低。同时微型化以后的机械部件具有惯性小、谐振频率高、响应时间短等优点。MEMS具有更高的表面体积比（表面积比体积），可以提高表面传感器的敏感程度。

第二个优势是MEMS技术与CMOS技术的兼容性使之很容易满足物联网对传感器和执行器的智能化要求。采用相同的工艺线，可以同时完成CMOS集成电路和MEMS器件的制造，实现两者的异质集成。异质集成可以通过在同一个芯片上完成两者的制造和相互连接，也可以在不同的晶圆上制造，再通过2.5D或3D封装集成到同一个系统。

第三个优势是MEMS传感器在能量损耗上的优势。物联网应用在功耗方面的要求比其他应用环境要严苛得多。MEMS传感器的感知和执行方式使它成为能耗较低的器件，所以它最可能成为满足物联网功耗要求的技术。

第四个优势是 MEMS 能够满足物联网对传感器/执行器的数量要求。硅基集成电路技术可以在一个晶圆上制造出数万个 MEMS 传感器，同时只要低廉的制造成本。得益于 CMOS 制造技术发展过程中的研发投入，MEMS 制造所需的设备、工艺制造技术都已经存在，只需做较小的调整和开发，就可以用于 MEMS 生产。

可以预见，未来大规模下游应用主要会以新的供消费者日常生活使用的电子产品(如 AR/VR 等)以及物联网(如智能驾驶、智慧物流、智能家居等)为主。而传感器作为感知层，是不可或缺的关键基础物理层部分，物联网的快速发展将会给 MEMS 行业带来巨大的发展红利。

6.2　MEMS 常用材料

MEMS 器件中每个材料的特性都影响着器件的性能，如果想要对 MEMS 有全面的认识，就必须对构成器件的材料进行充分了解。MEMS 器件通常由多种材料构成，每种材料都在 MEMS 中发挥着不可替代的作用。MEMS 对材料的要求：可微机械加工的特性、一定的机械性能、较好的电性能和热性能。

材料按照它的功能可分为结构材料、功能材料两大类。结构材料是指以力学性能为基础，制造受力构件所用的材料，当然，结构材料对物理或化学性能有一定要求，如光泽、热导率、抗辐照、抗腐蚀、抗氧化等。功能材料是指那些具有优良的电学、磁学、光学、热学、声学、力学、化学、生物医学功能以及特殊的物理、化学、生物学效应，能完成功能相互转化，主要用来制造各种功能元器件，被广泛应用于各类高科技领域的高新技术材料。表 6.1 依据结构材料和功能材料的分类列出了 MEMS 中的常用材料。

表 6.1 MEMS 中的常用材料

材料类别	材料名称	特性和用途
结构材料	单晶硅	在地球上硅的含量特别丰富，力学性能稳定，可集成到相同衬底的电子器件上，具有与钢几乎相同的杨氏模量，但密度为不锈钢的 1/3，机械稳定性好，是理想的传感器和执行器的材料
	多晶硅	具有可与单晶硅比拟的机械性能，并且耐 SiO_2 腐蚀剂
	二氧化硅(SiO_2)	可作为热和电的绝缘体、硅衬底刻蚀的掩膜、表面微加工的牺牲层
	氮化硅(Si_3N_4)	可以有效地阻挡水和离子，具有超强抗氧化和抗腐蚀的能力，适于用作深层刻蚀的掩膜，可用作光波导以及防止水和其他有毒流体进入衬底的密封材料
	碳化硅(SiC)	温度稳定性好，高温下尺寸和化学性质十分稳定
	金属	具有良好的机械强度、延展性及导电性，用途广泛
	Ⅲ-Ⅴ族金属化合物(如 GaAs 等)	具有较强的电子吸引力，适合做各种传感器和光电器件的材料
功能材料	压电晶体(如氮化铝等)	具有压电效应，可用于压力传感器中的动态信号转换和执行器
	功能陶瓷	具有耐热性、耐腐蚀性、多孔性、光电性、介电性和压电性等许多独特的性能，可作为基板材料、微制动器的材料和微传感器的材料

6.3 MEMS 的设计

6.3.1 设计概述

MEMS 的设计是促进 MEMS 研究进步和实现产业化的核心技术之一，它涉及 MEMS 行为、物理行为、工艺等的建模与仿真等关键技术，研究范围覆盖了机械、电子、光学、生物、流体、射频等领域，设计过程十分复杂。MEMS 的小型化、多学科交叉、高集成度等属性使 MEMS 的设计具有以下明显的特点。

(1) 多学科交叉：MEMS 技术将传感器、执行器与处理电路、控制电路集成在同一块芯片上，其设计不仅需要进行力学模型和电学模型的分析，还需要进行耦合场的分析，涉及机械、电子、材料、控制等学科知识。设计 MEMS 器件需要将多学科的知识融会贯通。

(2) 分层设计：MEMS 在器件系统、加工工艺等方面的复杂性使得其具有分层设计的特点。MEMS 的设计可划分为评估系统整体性能的系统级设计、研究器件行为特性和物理特性的器件级设计和物理级设计，以及面向版图绘制与工艺仿真的工艺级设计。

(3) 多因素影响：MEMS 的设计受到微小尺寸、材料特性、加工工艺等多因素的影响，这些因素相互关联、相互影响，想要达到最优设计就必须综合考虑这些因素的影响。

一个完整的微系统或 MEMS 组件的设计取决于微系统或组件的类型，我们将其分为三类。

① 作为技术探索而设计的组件或系统。其要么用于推动开发，要么用于验证某种设计思想，要么用于测量某种制作工艺的合理性与局限性，只需制作少量的试样。

② 作为研究工具而设计的组件或系统。其用于科研活动或者执行某项高度专业化任务，如测量某种材料的特性值等。对产品数量的需求视情况而定，但精度一定要保证。

③ 作为商业产品而设计的组件或系统。其用于商业化的生产和销售，对产品数量和产品的准确性与精密的需求要根据市场的要求来定。

6.3.2 设计时需要考虑的因素

有五个进行 MEMS 设计时需要考虑的重要因素。

① 市场需求：市场对这款产品是否有需求？如果有，市场有多大？发展得迅不迅速？

② 创新性和显示度：这个产品是否代表了范式的转移？也就是说，这是一种可以达到设计目的的新方法吗？还是一套新的系统？大多数真正成功的 MEMS 设备都是范式转移。

③ 竞争力：还有其他方法可以制作同等产品吗？是否有其他组织在研制类似的产品？这两种类型的竞争都十分重要。

④ 是否掌握相关技术：生产和包装产品的技术是否可用？研发部门是否掌握了相关技术吗？还是必须通过供应商获得？

⑤ 制造成本：这款产品能否以可接受的成本批量生产？

这五个因素的相对重要性取决于 MEMS 组件或微系统的类别，见表 6.2。从表 6.2 中可以看出，技术对这三个类别的 MEMS 组件或系统至关重要，所有因素对商业产品都是至关重要的。开发研究工具时需要对这五个因素进行适当的处理。例如，设备到设备的可重复性是研究工具所必需的。此外，如果一种研究工具没有市场需求又没有任何创新的话，就没有研究它的必要性。

表 6.2　MEMS 设计中需要考虑的因素

分类	市场需求	创新性和显示度	竞争力	是否掌握相关技术	制造成本
技术探索		☆☆		☆☆☆	
研发工具	☆☆	☆☆	☆	☆☆☆	☆☆
商业产品	☆☆☆	☆☆☆	☆☆☆	☆☆☆	☆☆☆

注：“☆”代表重要程度，“☆”越多代表重要程度越高。

6.3.3　MEMS 的分层设计

美国麻省理工学院的 S. D. Senturia 教授是开展 MEMS CAD 研究的鼻祖，根据他的观点，MEMS 的设计可以分为四个阶层：系统级、器件级、物理级和工艺级，图 6.2 是经过简化的设计流程图。系统级位于顶部，一般用框图描述或以集总参数形式的电路模型描述，主要对 MEMS 系统进行整体建模与仿真。器件级采用有限元分析和边界元分析方法以及这两种方法的结合对微结构、静电场以及静电-结构耦合场等的行为特性进行数值仿真分析，其主要任务在于为系统级建模与仿真建立子系统的解析表达或模型，以便于快速地实现系统级的设计概念。物理级建模论述真实器件在三维连续空间中的行为，侧重于微器件等子系统行为特性的仿真。对于理想的几何图形结构，可以有多种解析方法获得连续形式的解，对于实际器件建模通常只能求数值解，各种有限元、边界元或有限差分方法的数值建模工具已经用于物理级的模拟。工艺级主要通过工艺几何仿真和具体工艺的物理模拟，设计完成器件加工工艺流程和制造器件的掩膜，它是器件实际加工前对工艺版图进行的最后验证。由于器件级和物理级本身存在很大的交叉，在后来的发展中，器件级和物理级逐渐统称为器件级，因此当前流行的 MEMS 设计方法一般由三个设计层次组成，即系统级、器件级和工艺级。

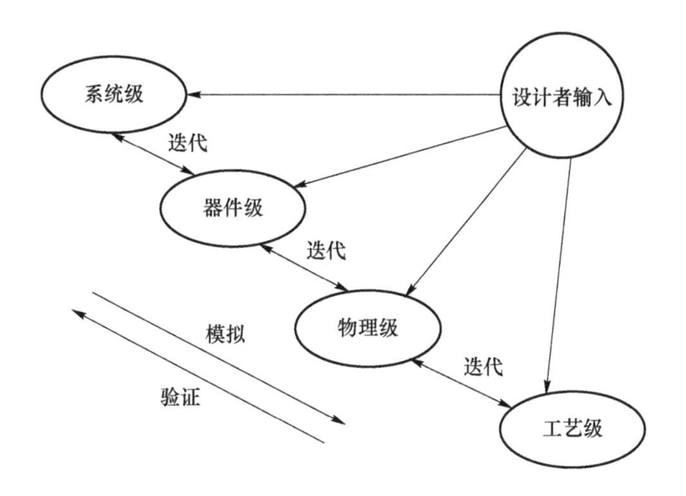

图 6.2 MEMS 的分层设计

6.4 MEMS 的制造工艺

在微电子和 MEMS 的制造中使用了大量的工艺和技术。充分了解每步的工艺构成时需要考虑以下几个因素:不同条件下的物理和化学行为、应用的适用范围和限制、常用材料、设备操作方法和原理。工艺过程可以分为以下几类:加法工艺、减法工艺、图形化、材料性质改变和机械步骤。表 6.3 总结了最常见的工艺流程。

表 6.3 MEMS 制造中使用的主要工艺

种类	工艺名称	简介
加法工艺	金属蒸发	在坩埚中加热金属源至沸腾,金属会以金属粒子的形式从坩埚中蒸发到晶圆片
	金属溅射	一种将金属薄膜沉积到晶片上的方法,通过高速高能粒子碰撞金属,金属粒子将从金属中溅射出来并沉积到晶片上
	有机物的化学气相沉积	通过化学反应蒸发一种或多种有机物材料引起薄膜材料在晶片上的凝结
	无机物的化学气相沉积	在高温情况下,通过化学反应蒸发一种或多种无机物材料引起薄膜材料在晶片上的凝结
	热氧化	硅衬底在高温下与氧发生反应,形成一层二氧化硅薄膜
	电镀	在室温下通过电镀或化学镀的方法生长一层金属薄膜

续 表

种类	工艺名称	简介
减法工艺	等离子刻蚀	把晶片与接地电极相连,通过与高能等离子产生的化学活性物质反应来刻蚀某种物质
	反应离子刻蚀	把晶片与有源电极相连,通过与高能等离子产生的化学活性物质反应来去除材料表面的薄膜
	深反应离子刻蚀	在特殊材料和条件下,通过反应离子刻蚀技术在晶片上可以得到深的沟槽
	硅湿法化学刻蚀	用化学物质蚀刻硅材料,通常会形成腔、台阶或贯穿晶片的圆孔
材料性质改变	离子注入	将高能掺杂原子注入衬底中,以改变材料的电学或化学特性
	扩散掺杂	将高浓度的掺杂源放置在衬底表面,并通过高温来增强原子的扩散能力,以实现衬底中的原子扩散掺杂
图形化	光刻胶的沉积	通常用旋涂覆盖的方法在晶片上涂一层均匀的光刻胶薄膜
	光刻	通过将薄片在有图案的掩膜版下曝光来得到图形,从而将掩膜版上的图形转移到光刻胶薄膜上
机械步骤	抛光	通过抛光剂将晶片表面平坦化
	晶片键合	将两块晶片精确对准,永久地连接在一起
	引线键合	在芯片或封装器件之间,通过细金属引线建立电气连接
	芯片封装	将裸芯片放入封装体中,使其可集成到电子板和系统中

6.5 MEMS 传感器

本节将首先介绍 MEMS 传感器的分类,接着从类别、工作原理、结构和性能指标等方面详细介绍 MEMS 压力传感器、MEMS 加速度计、MEMS 陀螺仪、MEMS 气体传感器、MEMS 温度传感器和 MEMS 湿度传感器。

6.5.1 MEMS 传感器的分类

MEMS 传感器的品种繁多,分类方法也很多。按其工作原理,MEMS 传感器可分为物理型、化学型和生物型三类。按照被测的量,MEMS 传感器又可分为加速度、角速度、压力、位移、流量、电量、磁场、红外、温度、气体成分、湿度、pH 值、离子浓度、生物浓度及触觉等类型的传感器。综合两种分类方法的分类体系如图 6.3 所示。

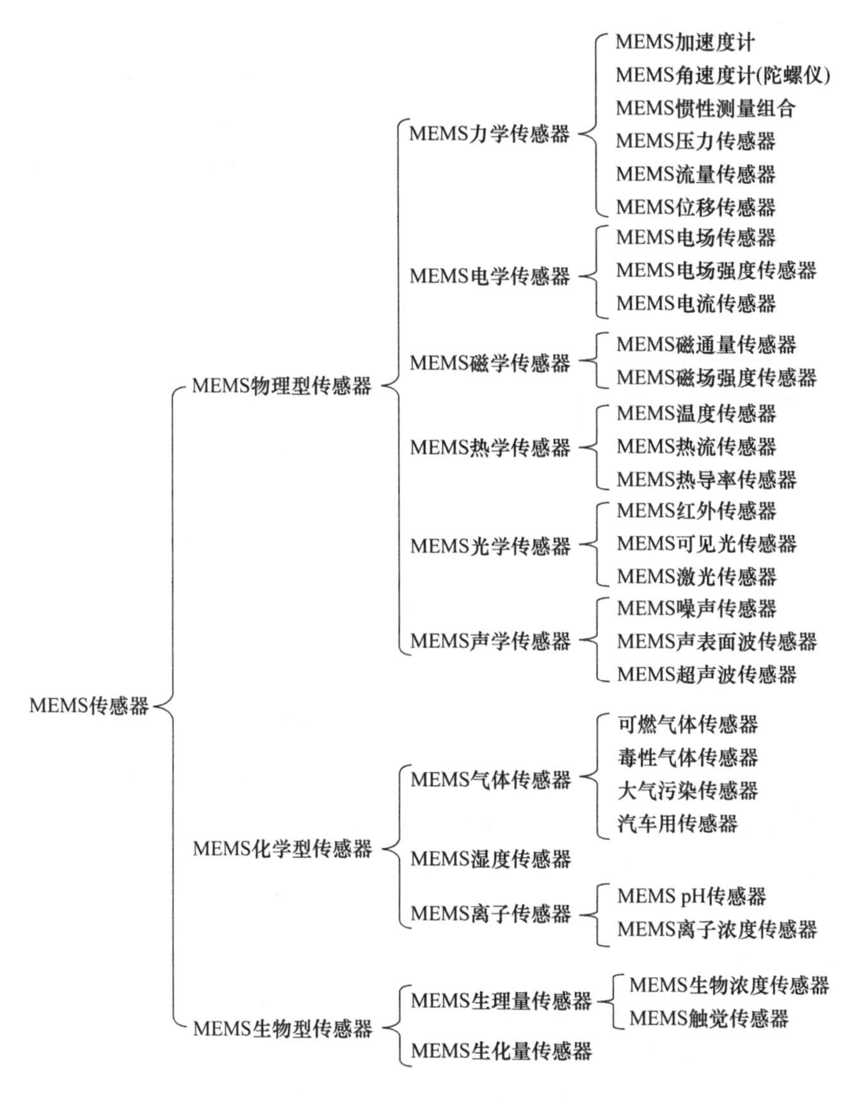

图 6.3　MEMS 传感器的分类

6.5.2　MEMS 压力传感器

MEMS 压力传感器可以用类似集成电路的设计技术和制造工艺进行高精度、低成本的大批量生产，从而为通过低廉的成本大量使用 MEMS 传感器打开方便之门，使压力控制变得简单易用和智能化。传统的机械量压力传感器基于金属弹性体受力变形，即由机械量弹性变形到电量转换输出，因此它不可能如 MEMS 压力传感器那样做得像 IC(集成电路)那么微小，且制作成本远远高于 MEMS 压力传感器。相对于传统的机械量压力传感器，MEMS 压力传感器的尺寸更小，最大的不超过 1 cm，使性价比相对于传统机械制造技术大幅度提高。

MEMS 压力传感器产品的市场前景

MEMS 压力传感器的主要结构形式如图 6.4 所示。传感器元件通常由尺寸从几微米到几毫米见方的薄硅片组成。在硅片的一面刻上一个空腔，空腔的顶部就成了一个可以在流体压力作用下变形的薄膜，硅薄膜的厚度通常为几微米到几十微米。在图 6.4 中，P_1 为参考压力，P_2 为被测量的压力。受到外界压力后，P_2 大于 P_1，使薄膜产生形变(通常小于 1 μm)，形变信息形变信息可以通过不同的转换方式转变成电信号输出。

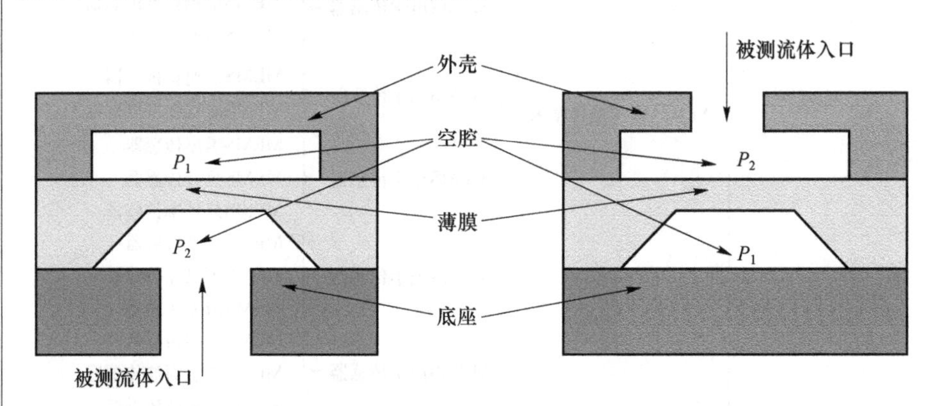

图 6.4　MEMS 压力传感器的横截面示意图

图 6.5 所示为 MEMS 压力传感器的四种主要结构形式。按照参考空腔是否密封，MEMS 压力传感器可分为两类。一类为密封测量，即测量输入压力与一个密封的参考空腔的压力差，图 6.5 中的绝对式和密封量仪式就是这类传感器。绝对式的参考空腔是一个真空腔，测得压力差是以真空作为参考压力的“绝对”值，而密封量仪式的参考空腔有参考气压。一般来说绝对式是更好的选择，因为其参考压力不受温度影响。另一类为非密封测量，即测量两个端口输入的压力差，图 6.5 中的量仪式和差动式就是这类传感器。量仪式的一个端口所输入的压力为环境压力，而差动式的两个端口所输入的压力都是外界输入的压力。

按照原理不同，MEMS 压力传感器可以分为压阻式、电容式和压电式，其中绝大部分为压阻式。压阻式 MEMS 压力传感器在{100}硅膜上扩散四个等阻值的 P 型压力电阻。两个电阻的主轴平行于膜边，薄膜弯曲时其阻值降低。另外两个电阻的主轴垂直于膜片，薄膜弯曲时其阻值增加。用导线将四个电阻构成为图 6.6 所示的惠更斯电桥。在被测压力作用下，膜片产生应力和应变，四个电阻将施加在薄膜上的压力转换为自身电阻的变化，然后将其转变为电压信号输出。如图 6.6 所示，电阻 R_1 和 R_3 被拉长，阻值增加，而 R_2 和 R_4 的阻值减小。输出电压的变化如下：

$$V_o = V_{in}\left(\frac{R_1}{R_1 + R_4} - \frac{R_3}{R_2 + R_3}\right) \tag{6.1}$$

其中，V_o 和 V_{in} 分别是待测电压和外加电压。

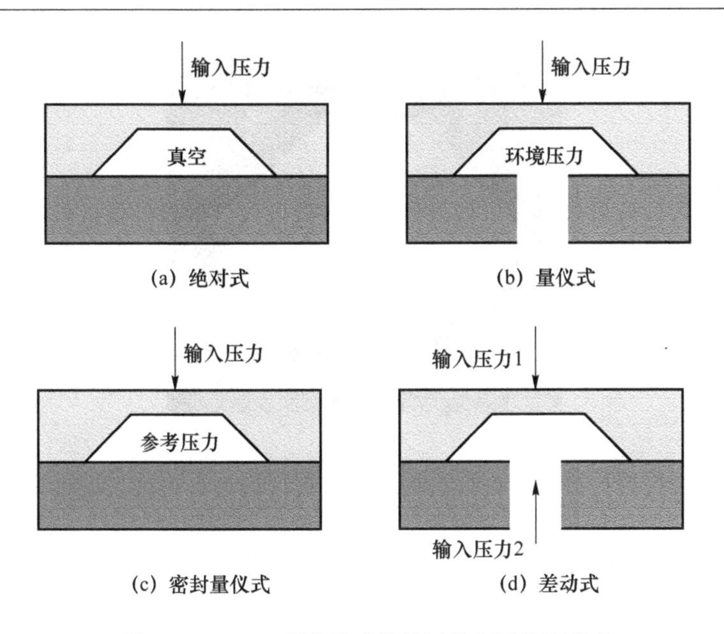

图 6.5　MEMS 压力传感器的四种主要结构形式

这种压力传感器的可测压力范围为 1 kPa～10^5 kPa。膜片的厚度和几何尺寸会影响传感器的灵敏度和测压范围。额定压力非常低的设备(小于 10 kPa)通常包含复杂的膜结构,例如,中间加凸起,以将压力集中在压阻式 MEMS 压力传感器附近,从而改进灵敏度和线性度。压阻式 MEMS 压力传感器有较大的增益,在平面应力和输出的电阻变化之间有很好的线性关系。它的主要缺点是对温度敏感,因为温度的变化可能使四个电阻的阻值失配,造成惠更斯电桥的不平衡。

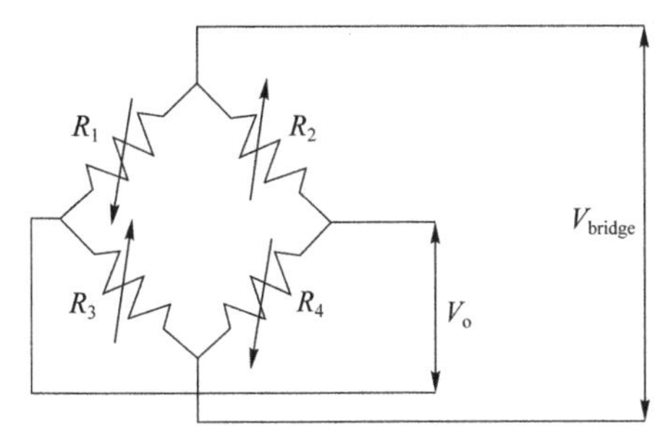

图 6.6　惠更斯电桥

大多数商用 MEMS 压力传感器的额定温度在 −40 ℃～125 ℃范围内,涵盖了汽车和军用规格。温度超过 125 ℃时,PN 结之间的漏电流增加,使得传感器性能明显下降。使用 SOI(绝缘体上硅)技术可以提高传感器的工作温度,原理是将传感元件置于二氧化硅层之上,进而消除了所有的 PN 结,相邻的传感元件被隔开。只要所加电压低于绝缘氧化物层的击穿电压,漏电流就会完全消除。GE NovaSensor 公司的高温 MEMS 压力传感器采用 SOI 技术,在二氧化硅层上放置 P 型晶体硅压阻电阻器,额定温度可达到 300 ℃,如图 6.7 所示。

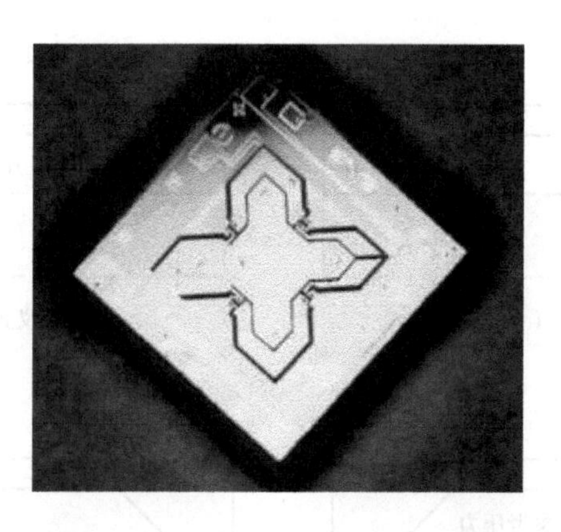

图 6.7　基于 SOI 的高温 MEMS 压力传感器的照片

6.5.3　MEMS 加速度计

MEMS 加速度计研究现状

MEMS 加速度计是微机电系统领域研究最早的器件之一。早在 1979 年就开始了微机械压阻式 MEMS 加速度计的研制，随后各种结构的压阻式 MEMS 加速度计相继出现。因其体积小、重量轻、成本低、启动快、可靠性好、易于集成、智能化的特点，加之在汽车气囊系统和悬挂控制方面对加速度计的需求，所以它的市场发展迅猛。

MEMS 加速度计的结构一般都是一个悬挂在弹簧上的质量块（如图 6.8 所示）。不同 MEMS 加速度计的区别在于感知质量块相对位置的方式。一种常用的传感方法是电容式，质量块作为双极板电容器的一极。这种方法需要使用特殊的电路来检测微小电容变化（$<10^{-15}$ F），并将电容变化转换为放大后的输出电压。另一种常用的方法是使用压敏电阻感受弹簧内应力。弹簧由压电材料制成或包含压电薄膜，可以将弹簧形变量转换为与其成正比的电压值。本节主要介绍电容式和压阻式 MEMS 加速度计。

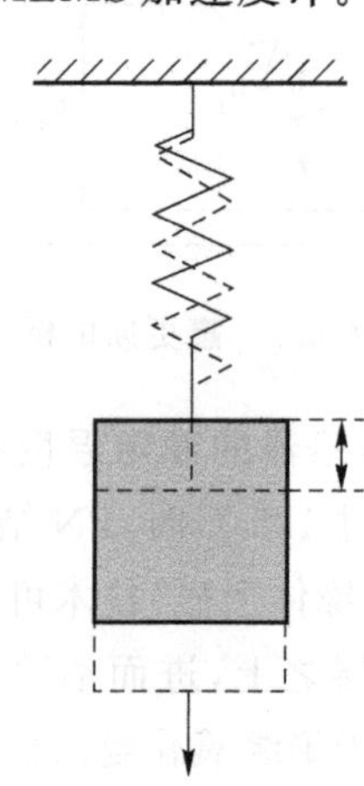

图 6.8　加速度计的一般结构

MEMS 加速度计的性能指标包括量程(G)、灵敏度(V/G)、分辨率(G)、带宽(Hz)、交叉轴灵敏度和抗冲击能力。量程和带宽因应用场景的不同而有很大差异。交叉轴灵敏度是指建立在 MEMS 加速度计输出量的变化与交叉加速度关系上的比例常数,交叉加速度是指 MEMS 加速度计中与输入基准轴相垂直的平面作用的加速度。

① 压阻式 MEMS 加速度计

压阻式 MEMS 加速度计的工作原理是,根据牛顿第二定律来测量物体加速度,即物体运动的加速度与作用在它上面的力成正比,与物体的质量成反比,即 $a=F/m$。悬臂梁压阻式 MEMS 加速度计的结构简化图如图 6.9 所示。当加速度作用于悬臂梁自由端质量块时,悬臂梁受到弯矩作用产生的应力而发生变形,由于硅的压阻效应,各应变电阻的电阻率发生变化,电桥失去平衡,输出电压发生变化,通过测量输出电压的变化就可得到被测量的加速度值。

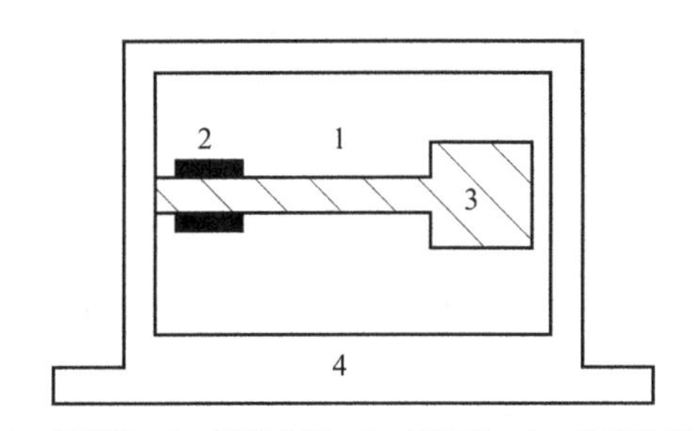

1—悬臂梁;2—扩散电阻;3—质量块;4—代座外壳

图 6.9 悬臂梁压阻式 MEMS 加速度计的结构简化图

图 6.10 所示为一种具体的单悬臂梁压阻式 MEMS 加速度计,整个加速度计由一块硅片(包括敏感质量块和悬臂梁)和两块玻璃键合而成,从而形成质量块的封闭腔,保护质量块并限制冲击和减震。通过扩散法在单悬梁臂上集成了压敏电阻(受力压敏电阻)。当质量块运动时,悬梁臂弯曲,压敏电阻的阻值随之变化。在悬梁臂的附近同样通过扩散法集成了压敏电阻(补偿压敏电阻),主要是为了补偿由温度引起的变化。在硅片上进行 p^+ 扩散是为了将其作为引线引出压敏电阻值,键合电极是为了能引出 p^+ 扩散硅上的信号。

整个加速度计的尺寸为 2 mm×3 mm×0.6 mm,最低可测的加速度为 0.001g(1g=9.8 m/s^2),可植入体内测量心脏的加速度值。

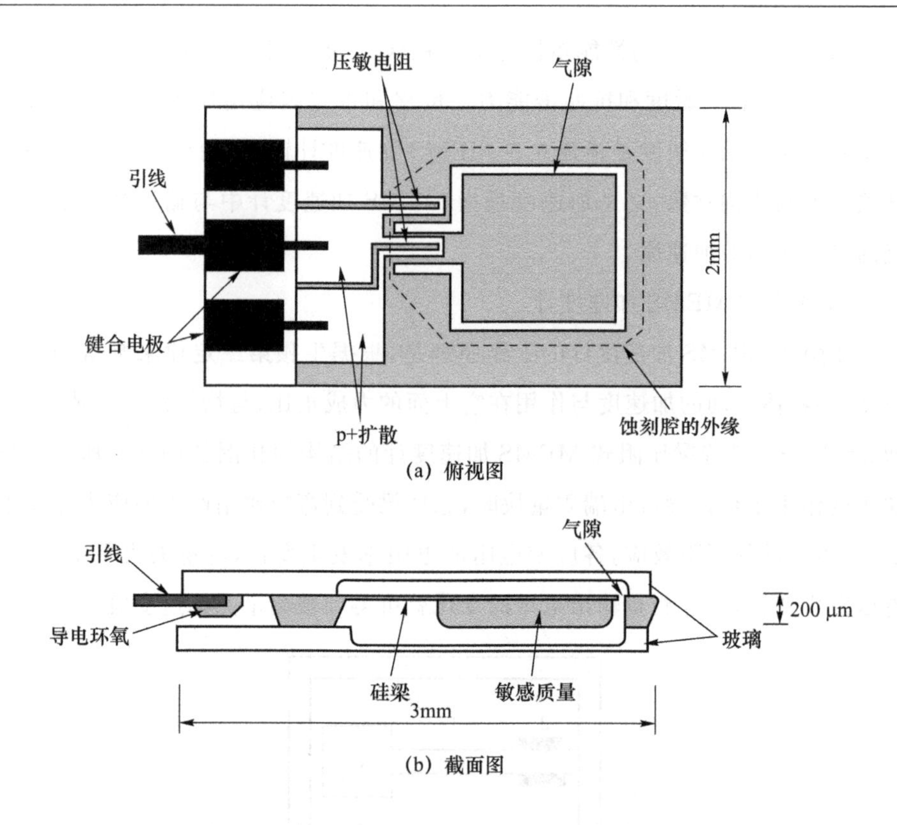

图 6.10　单悬臂梁压阻式 MEMS 加速度计的结构

② 电容式 MEMS 加速度计

电容式 MEMS 加速度计的敏感元件为固定电极和可动电极之间的电容器，它是目前研究最多的一类 MEMS 加速度计，一般采用悬梁臂、固支梁或挠性轴结构，支撑一个当作电容器动版电极的质量块，质量块与一个固定极板构成一个平板电容。其工作原理是在外部加速度作用下，质量块产生位移，这样就会改变质量块和电极之间的电容，将电容变化量检测出来就可以得到测量的加速度大小。

图 6.11 为芬兰 VTI 技术公司的 SCA 系列加速度计的结构图。该加速计的结构是玻璃-硅-玻璃的"三明治"结构，中间的硅片上嵌入弹簧和质量块。质量块作为可变电容器的内电极，两个外侧硅片作为电容器的固定电极，这样就构成差动电容(如图 6.11 所示)。SCA 系列加速度计的可测量范围从 $\pm 0.5g$ 到 $\pm 12g$ 不等($1g = 9.8\ m/s^2$)，输出电压在 0～5 V 范围内。对于这样的加速度计，额定带宽是 400 Hz，横轴灵敏度小于输出的 5%，抗冲击能力为 20 kg。

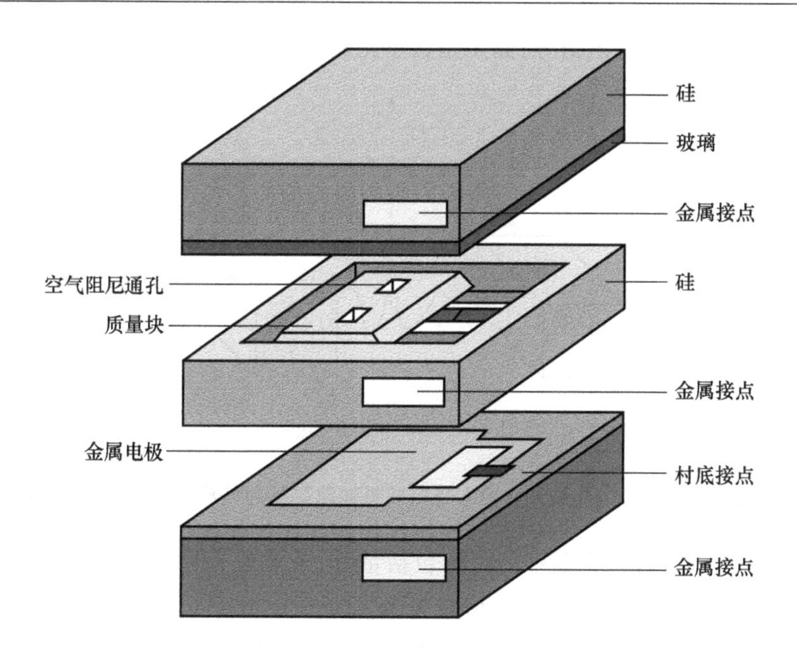

图 6.11　SCA 系列加速计的结构图

6.5.4　MEMS 陀螺仪(角速率传感器)

(1) 工作原理和性能指标

MEMS 陀螺仪利用科里奥利力——旋转物体在有径向运动时所受到的切向力,将旋转物体的角速度转换成与角速度成正比的直流电压信号。科里奥利力的计算公式如下:

MEMS 陀螺仪的研究现状

$$F=-2m\boldsymbol{\omega}\times\boldsymbol{v}' \tag{6.2}$$

其中,F 为科里奥利力;m 为质点的质量;$\boldsymbol{v}'$为相对于转动参考系质点的运动速度(矢量);$\boldsymbol{\omega}$ 为旋转体系的角速度(矢量);"×"表示两个向量的外积符号($\boldsymbol{\omega}\times\boldsymbol{v}'$的大小等于$\boldsymbol{\omega}$ 的大小乘以$\boldsymbol{v}'$的大小再乘以两矢量夹角的正弦值,方向满足右手螺旋定则)。

MEMS 陀螺仪通常有两个方向的可移动电容板。径向的电容板加震荡电压迫使物体做径向运动(有点像 MEMS 加速度计中的自测试模式),横向的电容板用于测量横向科里奥利运动带来的电容变化(就像 MEMS 加速度计测量加速度)。因为科里奥利力正比于角速度,所以由电容的变化可以计算出角速度。

绝大多数 MEMS 陀螺仪的测量依赖于由相互正交的振动和转动引起的交变科里奥利力。MEMS 陀螺仪由两个振动并不断地做反向运动的物体组成,如图 6.12 所示。当施加角速率 Ω 时,每个物体上的科里奥利效应产生相反方向的力,从而引起电容变化。电容差值与角速率成正比,如果是模拟陀螺仪,电容差值转换成电压输出信号;如果是数字陀螺仪,电容差值转换成最低有效位。

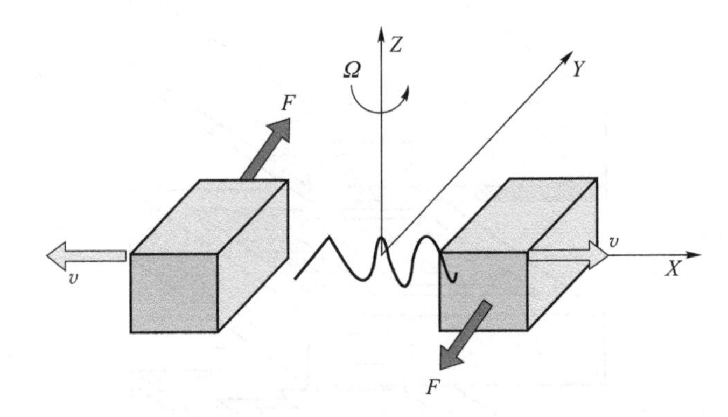

图 6.12　绝大多数微机械陀螺仪的结构

MEMS 陀螺仪的主要性能指标包括量程、灵敏度、零偏和带宽。量程通常以正、反方向输入角速率的最大值来表示,如+/-300 degree/s,该值越大表示 MEMS 陀螺仪感应角速率的能力越强;灵敏度(分辨率)表示在规定的输入角速率下能感知的最小输入角速率的增量;零偏是指 MEMS 陀螺仪在零输入状态下的输出,其用较长时间内输出的均值等效折算为输入角速率来表示,也就是观测值围绕零偏的离散程度,例如,0.005 degree/s 表示每秒会变化 0.005 degree;带宽是指陀螺仪能够精确测量输入角速率的频率范围,这个范围越大表明 MEMS 陀螺仪的动态响应能力越强。这些参数是评判 MEMS 陀螺仪性能好坏的重要标志,同时也决定 MEMS 陀螺仪的应用环境。

(2) 结构

MEMS 陀螺仪的设计和工作原理可能各种各样,但是公开的 MEMS 陀螺仪均采用振动物体传感角速度的概念。利用振动来诱导和探测科里奥利力而设计的 MEMS 陀螺仪没有旋转部件、不需要轴承,已被证明可以用微机械加工技术大批量生产。

机械陀螺仪一般有三种工作模式(后两种是最适合微机械实现的):全角模式、开环振动模式和力平衡模式。接下来介绍三种陀螺仪。

① 万向接头结构的微型陀螺仪

万向接头结构的微型陀螺仪通过力平衡模式驱动,如图 6.13 所示。它的驱动轴为陀螺对称轴,当强迫输入轴改变方向时,输出轴可感知陀螺力矩并通过电极输出,以此计算出输入的角速度。

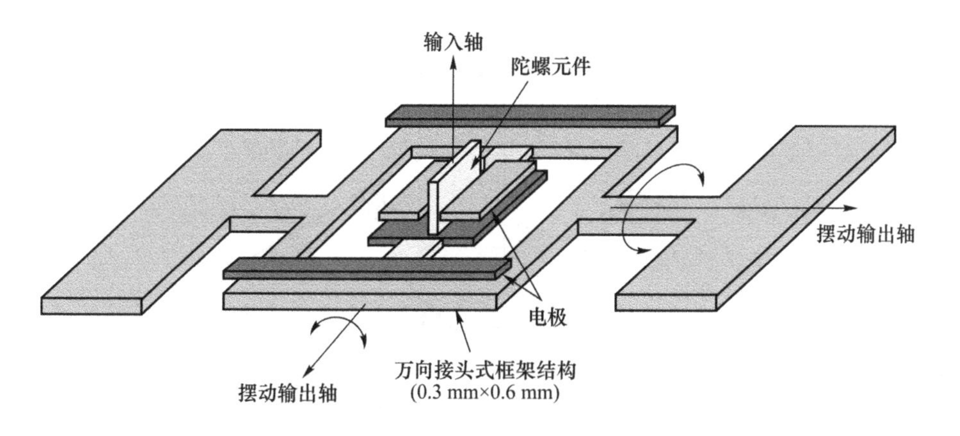

图 6.13　万向接头结构的微型陀螺仪

② 微型谐振环状陀螺仪

图 6.14 所示为 Putty 和 Najafi 描述的一种安装在集成有源电路上的微型谐振环状陀螺仪(空心外壳设计)。32 个电镀电容电极围绕着振动环来驱动、感知和控制其振动。芯片上的 CMOS(Complementary Metal Oxide Semiconductor，互补金属氧化物半导体)电路将振动转换成输出电压。微型谐振环状陀螺仪在带宽 10 Hz 范围内，分辨率为 0.5 °/s，品质因数 Q 值为 2 000。

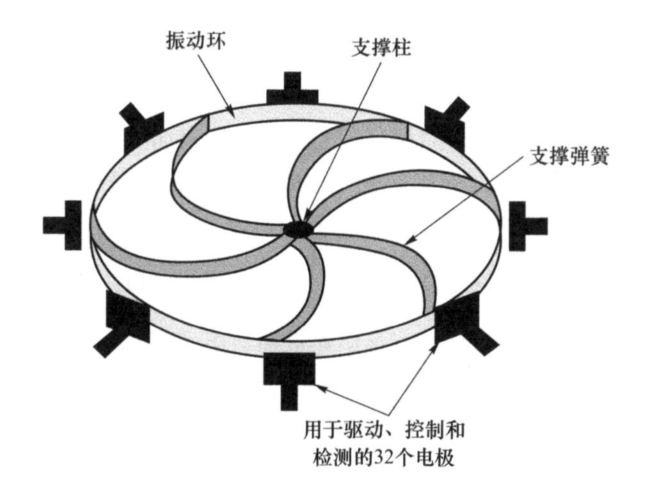

图 6.14　微型谐振环状陀螺仪

③ Z 轴谐振驱动的微型两轴陀螺仪

Juneau 等人设计了一种以多晶硅为衬底，用表面微机械加工制作，在同一芯片上具有电子电路的两轴陀螺仪。如图 6.15 所示，由 Z 轴谐振驱动转子高速旋转，转子被支撑在四个正交的悬浮弹簧上，弹簧的端部固定在衬底上。当衬底绕 X 轴(Y 轴)旋转时，其引起的陀螺力矩使得转子绕 Y 轴(X 轴)扭振，以此计算出角速度。

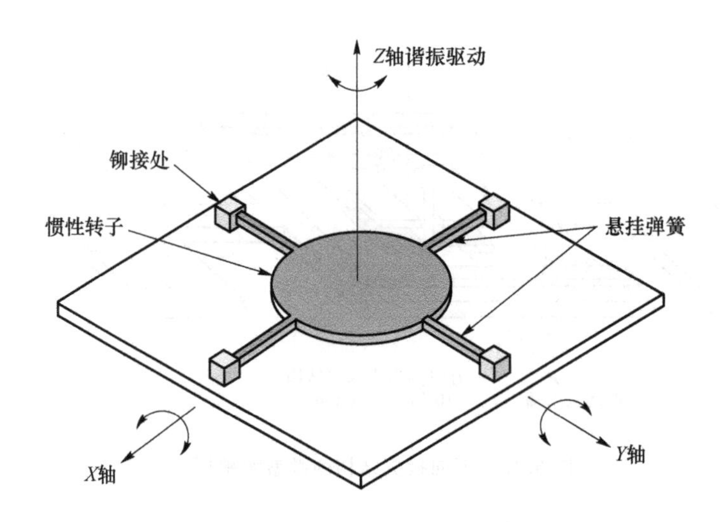

图 6.15 Z 轴谐振驱动的微型两轴陀螺

6.5.5 MEMS 气体传感器

目前，MEMS 气体传感器的应用日趋广泛，在物联网等泛在应用的推动下，其技术发展方向开始向小型化、集成化、模块化、智能化方向发展。本节将探讨具有代表性的基于金属氧化物半导体敏感材料(MOS)的 MEMS 气体传感器，这种传感器已广泛应用于安全、环境、楼宇控制等领域的气体检测。

一般认为，SnO_2 等半导体材料的气敏机理是表面电导模型。在洁净空气中的 SnO_2 气体传感器表面发生的氧吸附过程通常是物理吸附，物理吸附氧经过一段时间后，反应成为化学吸附氧离子 $O^-(ch)$，即

$$\frac{1}{2}O_2(g)\rightarrow\frac{1}{2}O_2(ph)\rightarrow\frac{1}{2}O_2(ch)\rightarrow\frac{1}{2}2O^-(ch) \tag{6.3}$$

化学吸附氧离子 $O^-(ch)$ 从 SnO_2 导带抽取电子，使 SnO_2 电阻增加。

SnO_2 暴露在还原性气氛中时，因和表面的 $O^-(ch)$ 发生还原过程，降低了 $O^-(ch)$ 的密度，同时将电子释放回导带，使 SnO_2 阻值下降，即

$$R+O^-\rightarrow R_{ads}+e \tag{6.4}$$

其中，R 为 SnO_2 在反应前的阻值，R_{ads} 为反应之后的阻值。

上述两种不可逆反应在相反方向上进行，并在给定温度和还原性气氛分压下达到稳态平衡，即 $O^-(ch)$ 发生还原过程，降低了 $O^-(ch)$ 密度，使其达到一平衡值，导致半导体表面电荷耗尽层的消失或减少，半导体电子浓度增加，电导率上升，由传感器电导的变化来检测环境中的各种气体。

MEMS 气体传感器的性能指标主要有灵敏度、选择性、稳定性等。

(1) 灵敏度

灵敏度用于表征由于被测气体浓度变化而引起的气体传感器阻值变化的程度。这里采用电阻比表示法表示灵敏度，即用气体传感器在不同浓度的被检

测气体中的阻值 R_g 和在某一特定浓度中的阻值 R_α 之比来表示灵敏度。实际常常将 R_α 取为洁净空气中的阻值 R_0,因此灵敏度 S 为 $S=R_g/R_0$。

(2) 选择性

选择性用来表征其他气体对主测气体的干扰程度。用相对灵敏度表示法来表示选择性,即气敏元件在相同的条件下,接触同浓度的不同种类气体,电阻值的相对变化。

$$\alpha=\Delta R_1/\Delta R_2 \tag{6.5}$$

$$\Delta R_1=R_{g1}-R_0 \tag{6.6}$$

$$\Delta R_2=R_{g2}-R_0 \tag{6.7}$$

其中,α 为分辨率(分离度);ΔR_1 为在主测气体中气体传感器阻值的变化;R_{g1} 为气体传感器在一定浓度主测气体中的阻值;R_0 为气体传感器在洁净空气中的阻值;ΔR_2 表示气体传感器在同浓度另一气体中阻值的变化;R_{g2} 是气体传感器在同浓度另一气体中的阻值。

(3) 稳定性

气体传感器在连续工作过程中,由于受到周围环境氛围、温度及湿度等的影响,会使气体传感器的基线电阻和气敏性能发生变化。长期稳定性是气体传感器实际应用中最为重要的参数之一。稳定性常用多次测试过程中传感器基线电阻或灵敏度的变化程度来表示。

为了提高传感器的灵敏度、选择性和响应性,一般都需添加某些少量的贵金属,如 Ag、Pd、Ru 等。通常认为这些贵金属具有催化氧化反应的功能,可作为表面活性中心。同时,贵金属具有相对较大的电子亲和力,能加速电子从半导体向贵金属的迁移。

图 6.16 为 SnO_2 薄膜型气体传感器的结构,它的工作温度较低(约为 250 ℃),并且具有很大的表面积,自身的活性较高,本身气敏性很好,催化剂“中毒”现象不是十分明显。薄膜型器件一般是在绝缘基板上蒸发或溅射一层 SnO_2 薄膜,再引出电极。并且可利用器件对不同气体的敏感特性实现对不同气体的选择性检测。

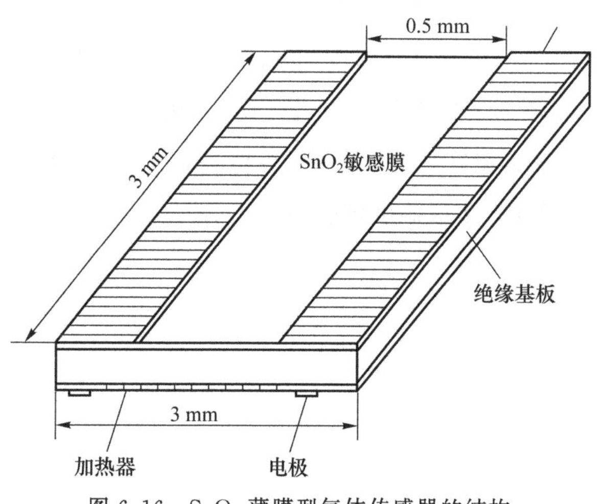

图 6.16　SnO_2 薄膜型气体传感器的结构

6.5.6 MEMS温度传感器

与传统的温度传感器相比，MEMS温度传感器具有体积小、重量轻的特点，在温度测量方面具有传统温度传感器不可比拟的优势。

① 悬臂梁-压阻检测式温度传感器

图6.17所示为硅/二氧化硅的双层微悬臂梁温度传感器的结构。该悬臂梁是硅/二氧化硅的双层结构，当温度不同时，在双金属效应的作用下，梁的挠度不同，压敏电桥会输出不同的电压，从而测量出温度的变化。这种硅/二氧化硅的双层微悬臂梁温度传感器较之普通的热电偶、热电阻、双金属片温度计体积小，因而响应速度快。即使与近年来迅速发展的薄膜热电偶(薄膜厚度为0.01～0.1 mm)相比，其响应速度也是更快的。这个原因有两方面：第一是器件尺寸更小更薄；第二是硅具有良好的热导率。

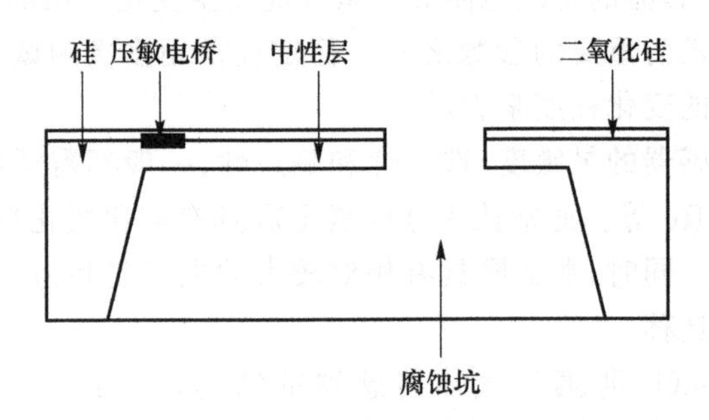

图6.17 硅/二氧化硅的双层微悬臂梁温度传感器的结构

② 谐振式温度传感器

双谐振器式数字温度传感器如图6.18所示，其采用了两个双端音叉结构。该温度传感器的测量原理是基于温度-机械耦合效应。首先对两个几何尺寸不同而基频(设计)相同的谐振器的频率进行比较，从而得到拍频，然后根据拍频的变化实现高分辨率的温度测量。这种温度传感器的温度分辨率可达0.008 ℃，性能优于常用的CMOS集成温度传感器。

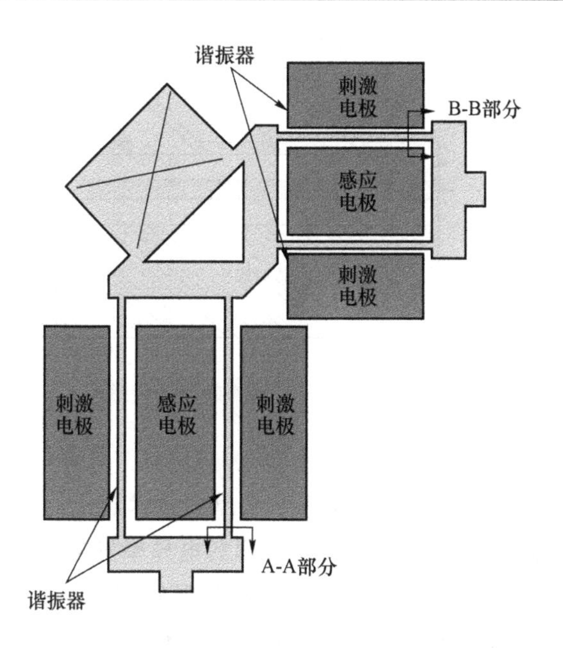

图 6.18　双谐振器式数字温度传感器

6.5.7　MEMS 湿度传感器

随着传感器和微加工技术的发展，出现了多种 MEMS 湿度传感器。按传感器的工作原理大致可将 MEMS 湿度传感器分为电容型湿度传感器、电阻型湿度传感器、谐振式湿度传感器、基于热传导的湿度传感器。下面将分别介绍每种 MEMS 湿度传感器的工作原理。

(1) 电容型湿度传感器

电容型湿度传感器是目前应用较多的一种传感器，大概占湿度传感器总数量的 75%，因而它的种类是非常繁多的。它的感湿介质分为如下几种。

① 多孔物，包括多孔硅、多孔三氧化二铝、多孔氮化硅、多孔二氧化硅等。

② 高分子材料，如聚苯乙烯、聚酰亚胺、醋酸纤维等。

③ 空气。

它的结构可分为如下几种。

① "三明治"型。

② 平铺叉指型。

③ 悬臂梁型。

"三明治"结构的湿度传感器如图 6.19 所示，它由上下两层金属外加中间一层感湿介质构成，电容是上下结构。当湿度发生变化时，中间感湿介质层的介电常数随之发生变化，从而改变结构的电容值。

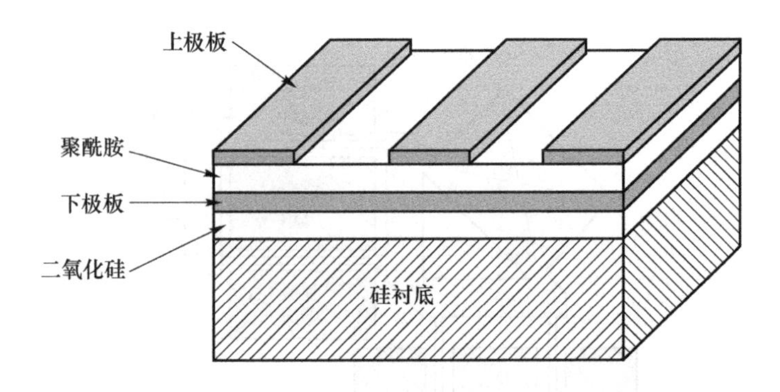

图 6.19 “三明治”结构的湿度传感器

(2) 电阻型湿度传感器

图 6.20 所示的是由一种用 MEMS 和厚膜技术制成的一种电阻型湿度传感器,它利用化合膜 PMAPIAC/SiO_2 吸湿后电导率发生变化的原理来测量湿度。此传感器的工作范围是 30%～90%RH,灵敏度为 0.0252(logZ/%RH),响应时间是 30 s,缺点是电阻固有的温度系数使传感器不能工作在很宽的温度范围内。

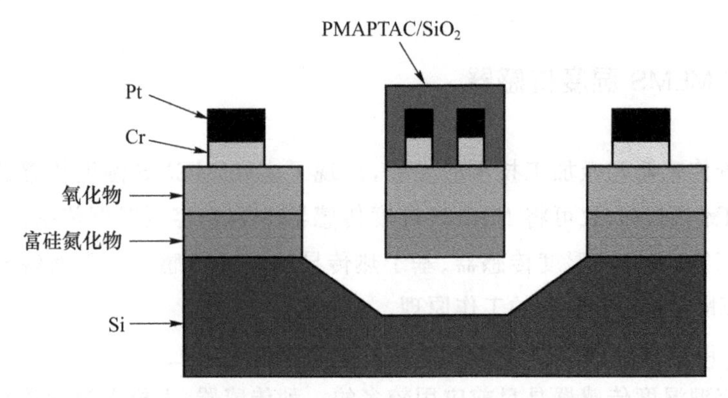

图 6.20 电阻型湿度传感器

(3) 谐振式湿度传感器

图 6.21 所示的是由瑞士研究人员研制的一种谐振式湿度传感器,他们在表面加工工艺形成的谐振梁上涂上一层聚酰亚胺(作为吸湿介质层),当湿度增加时,聚酰亚胺吸湿后会发生膨胀并增加重量,这将使得谐振频率下降,因而通过测量谐振频率即可测得湿度。此传感器的谐振梁采用多晶硅电阻静电激励,灵敏度为 270 Hz/100%,缺点是驱动功率对其影响很大,测量电路比较复杂。

图6.21　谐振式湿度传感器

(4) 基于热传导的湿度传感器

图6.22是基于热传导的湿度传感器的截面图,一个PN结悬浮在硅衬底上,并与外界环境相接触,另一个相同的PN结则被密封在真空腔中。其工作原理如下:两个PN结通过多晶硅加热条同时加热至250 ℃左右,由于湿空气的热传导率要高于干燥空气,所以随着环境湿度的升高,空气的热传导率升高,导致暴露在空气中的PN结温度下降,PN结一般为负温度系数,所以其两端的输出电压升高,而密封腔中的参考PN结的输出电压不变,这两者的电压差通过跨导运算放大器进行放大,运放的输出电流通过开关电容电路进行积分,整个电路的增益为60 dB。此传感器在20 ℃、30 ℃和40 ℃下的分辨率分别为14.3 mV/%RH, 26 mV/%RH和46.9 mV/%RH。

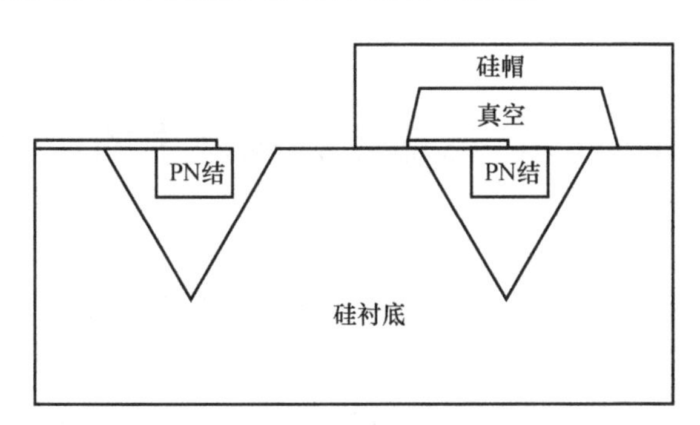

图6.22　基于热传导的湿度传感器的截面图

基于热传导的湿度传感器的性能指标主要有湿度量程、相对湿度特性曲线、灵敏度、温度系数、响应时间等,下面逐一介绍。

① 湿度量程

保证一个湿度传感器能够正常工作所允许的环境相对湿度变化的最大范围称为湿度量程。湿度量程越大,传感器实际使用价值越大。理想的湿度传感器的使用范围应当是0%～100%RH的全量程。

② 相对湿度特性曲线

每一种湿度传感器都有其感湿特征量，如电阻、电容、电压、频率等。湿度传感器的感湿特征量随环境相对湿度变化的关系曲线称为该传感器的相对湿度特性曲线，简称感湿特性曲线。人们希望特性曲线应当在全量程上是连续的，曲线各处斜率相等，即特性曲线呈直线。特性曲线的斜率应适当，斜率过小，灵敏度降低，而斜率过大，稳定性降低，这些都将会给测量带来困难。

③ 灵敏度

湿敏元件的灵敏度就其物理含义而言，应当反映相对于环境湿度的变化，传感器感湿特征量的变化程度。因此，它应当是湿度传感器的感湿特性曲线斜率。在感湿特性曲线是直线的情况下，用直线的斜率来表示湿敏元件的灵敏度是恰当可行的。然而，大多数湿度传感器的感湿特性曲线是非线性的，在不同的相对湿度范围内的曲线具有不同的斜率，因此，这就造成用湿度传感器感湿特性曲线的斜率来表示灵敏度的困难。

目前，虽然关于湿度传感器灵敏度的表示方法尚未得到统一，但较为普遍采用的方法是用元件在不同环境湿度下的感湿特征量之比来表示灵敏度。

④ 响应时间

响应时间反映湿度传感器在相对湿度变化时输出特征量随相对湿度变化的快慢程度，一般规定为响应相对湿度变化量的63%时所需要的时间。在标记时，应写明湿度变化区的起始与终止状态。一般希望传感器响应得快一些为好。

6.6 MEMS传感器在物联网中的应用实例

在火电、煤化工、冶金、港口仓储等需要大量储煤的行业，煤炭会在储煤筒仓、圆形煤场等设施中长期存放。煤的氧化反应过程中会产生大量的热，并且挥发出多种可燃性气体。若热量无法散去则会导致煤炭发生自燃现象，而可燃气体在封闭煤场中积聚有可能引发爆炸事故。通过封闭煤场煤炭自燃监控系统的研发，依托于煤场物联网平台，将各类MEMS智能传感器应用于物联网的感知层，可使传感器更加智能地、方便地监控储煤场，保证电厂等安全绿色地进行生产。

在各类储煤场的监控系统中，使用的传感器主要有温度传感器、可燃气体传感器、明火传感器、烟雾传感器、氧气传感器等。这些新型的MEMS智能传感器有着传统传感器无可比拟的优势。

煤场物联网拓扑结构如图6.23所示，按照物联网的架构分为应用层、网络层和感知层。最上面的应用层包括了远程监控终端、手持监控设备、远程监控网页、集中监控屏幕墙，它们为用户提供多种数据监测和设备控制的服务。中间的网络层通过 Internet(互联网)将所有局点和物联网服务器集群连接成一个整体，服务器集群中包括了应用程序服务器、数据库服务器和 Web 服务器。应用程序服务器负责接收各类远程终端的 TCP 连接，将上行的传感器数据保存到数据库，将下行的控制命令发送到远程执行终端中；数据库服务器负责保存传感器的历史数据和当前传感器值，也作为应用程序服务器与 Web 服务器交换数据的中转站；Web 服务器提供远程监控网页的接入服务，它可从数据库中读取需要的数据，并发送到远程网页监控系统中。最下面的感知层由智能网关和各类 MEMS 智能传感器组成，各类 MEMS 智能传感器安装于储煤筒仓和圆形煤场等设施中。智能网关通过现场的以太网将数据传输到局点现场的监控主机，并通过 3G 网络连接到 Internet，将数据发送到公司的物联网服务器中。

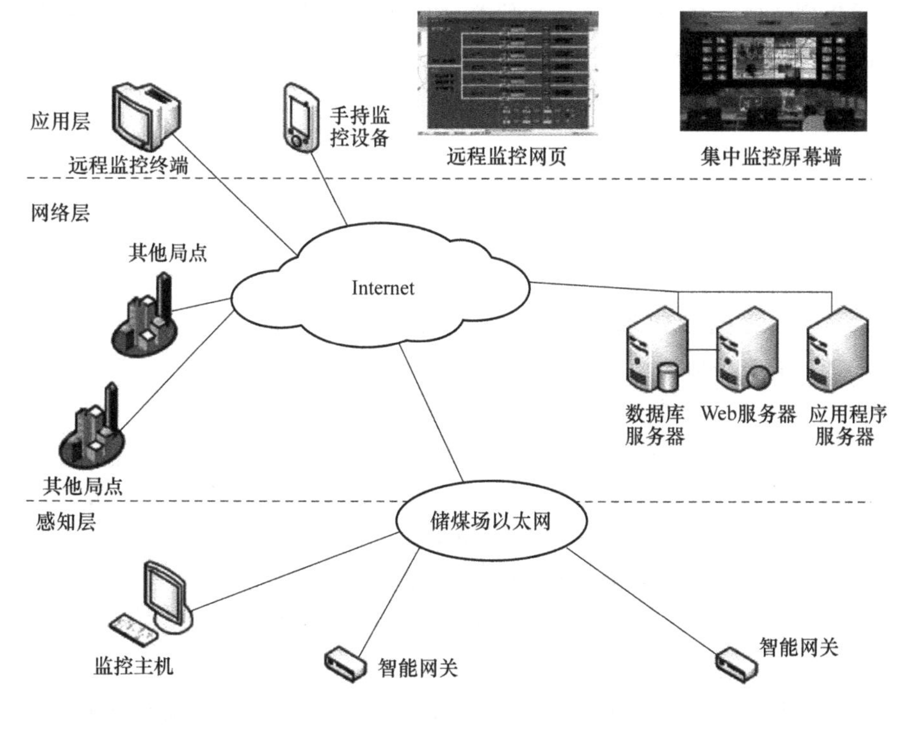

图 6.23　煤场物联网拓扑结构

这些 MEMS 智能传感器按照一定的安装方案，分布于储煤设施的多个地方，它们有着以下几大功能。

① 采集并传送数据。传感器的基本功能就是采集数据，采集到的各类物理量由变送器转换成 4～20 mA 或 0～5 V 的标准输出，再由 MEMS 智能传感器的 AD 模块转换成数字信号，最后通过 485 总线或无线接口发送至数据采集

网关处。

② 监视传感器自身的健康状况。将 MEMS 智能传感器应用于各类储煤设施中时，环境特点是温度高、湿度高、粉尘浓度高等，传感器和电路等在这种环境下工作时非常容易出现异常情况。所以，MEMS 智能传感器在采集数据的同时要时刻监视自身的工作状况，当出现某些工作不正常状况时，应及时将信息发送到物联网系统中。集中监控屏幕墙可以随时查看到现场每个设备的工作状况，一旦某个传感器出现问题，在用户还没有察觉时，公司就已经安排维护人员前往维修。

③ 融合数据。现场的各传感器都是实时采集数据的，但这些数据并不需要全部实时地发送到监控主机和物联网系统中。当采集到的值超过 MEMS 智能传感器本身设置的阈值时，数据会立即发送，否则只发送整分钟或 1 min 内的平均值到上位机中。这种融合数据的方法不仅保证了数据的实时采集，还可以大大减少整个网络中的数据通信量。

④ 进行自动校准。传感器在不同的环境温度下工作时，或工作时间较长时，采集到的值往往会产生一定的偏差，此时就需要 MEMS 智能传感器根据传感元件提供的漂移参数对采集到的值进行校准。

习　　题

6.1　简述 MEMS 的概念和几种 MEMS 传感器的优点。

6.2　简述比例尺度定律的定义。

6.3　MEMS 传感器工作的能量域有哪些？

6.4　设计 MEMS 传感器应该考虑哪些因素？

6.5　悬梁臂的刚度是用它的弹性常数来定义的，请推导悬梁臂刚度的比例尺度定律，定义悬梁臂的长、宽、高（分别为 l、ω 和 t）。

6.6　在室温条件下，硅的本征载流子浓度 n_i 为 $1.5\times10^{10}\ \mathrm{cm^{-3}}$。有一硅晶片，掺杂磷的浓度为 $10^{18}\ \mathrm{cm^{-3}}$，硅中电子和空穴的迁移率分别约为 $1\,350\ \mathrm{cm^2/(V\cdot s)}$ 和 $480\ \mathrm{cm^2/(V\cdot s)}$。请计算掺杂硅的电阻率。

6.7　柱状硅棒两端各受 10 mN 的拉力，该棒长为 1 mm，直径为 100 μm，试推导棒的纵向应力和应变。

6.8　考虑长度和材料都相同的两个悬梁臂，一个的横截面为 100 μm×5 μm，另一个的横截面为 50 μm×8 μm，试问哪一个悬梁臂更能抵抗弯曲（或者更硬）？

第7章　集成传感器

20世纪70年代后期，随着集成技术、分子合成技术、微电子技术及计算机技术的发展，市面上出现了集成传感器。集成传感器包括两种类型：传感器本身的集成化和传感器与后续电路的集成化，如集成温度传感器DS18B20、集成温度传感AD590、集成压力传感器MLX9080×等。这类传感器主要具有成本低、可靠性高、性能好、接口灵活等特点，因此集成传感器发展非常迅速，它正向着低价格、多功能和系列化方向发展。

集成温度传感器典型芯片AD590

7.1　集成温度传感器DS18B20

在生产实践中，对温度的多点监测有时需要同时检测多至数百个测温点，美国达拉斯(Dallas)公司(现属MAXIM公司)近年来推出了以DS18B20为代表的系列集成温度传感器，其管芯内集成了温敏元件、数据转换芯片、存储器芯片和计算机接口芯片等多功能模块，可在现场采集温度数据，且可直接将采集的温度数据直接转换为串行的数字信号，这样就可与单片机通信。用DS1B20组成的多点测温系统的稳定性、可靠性、维护工作量和成本等一系列指标均有明显的优势。

7.1.1　DS18B20的结构和工作原理

每个DS18B20都有唯一的64位序列号，因此多个DS18B20可以在同一条总线上运行。故DS18B20可用于HVAC环境控制和建筑物、设备或机器的温度监控系统，以及过程监控和控制系统。

1. 主要结构

(1) 主要组成部分

图7.1为DS18B20的内部结构示意图，DS18B20的主要组成部分有温度传感器、64位ROM、非易失性的温度报警触发器TH和TL、配置寄存器。每

一个 DS18B20 在出厂时都有唯一的存储在 ROM 中的 64 位代码，寄存器包含 2 字节温度寄存器，用于存储温度传感器的数字输出。此外，寄存器提供对1 字节上下警报触发寄存器(TH 和 TL)和 1 字节配置寄存器的访问。用户可在配置寄存器中将温度-数字转换的分辨率设置为 9 位、10 位、11 位或 12 位。TH、TL 和配置寄存器是非易失性的，因此它们将在器件断电时保留数据。

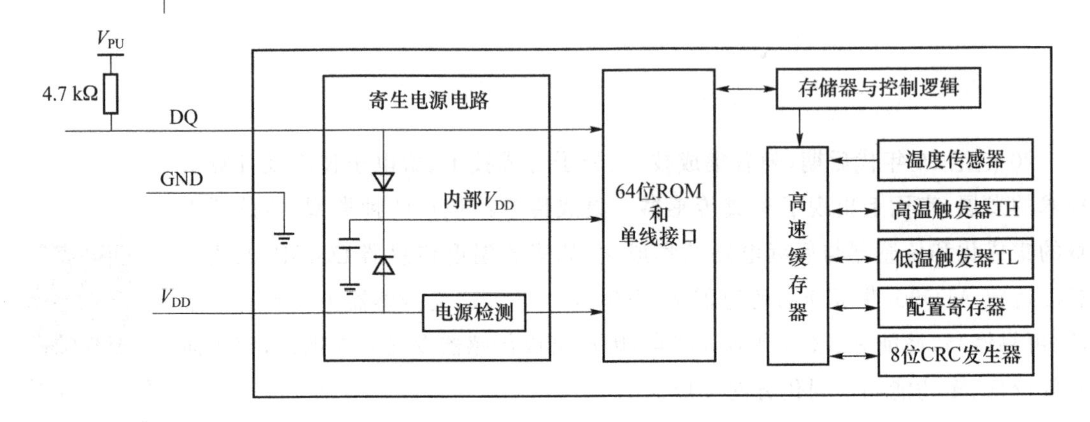

图 7.1　DS18B20 的结构图

DS18B20 采用独有的单总线原型，可以仅用一个控制信号来实现总线通信。由于所有设备都需要通过三态或开漏端口(DS18B20 的 DQ 引脚)连接到总线，因此控制线需要一个弱上拉电阻。在总线系统中，微处理器(主机)使用每个芯片唯一的 64 位代码识别和寻址总线上的设备。由于每个 DS18B20 都在生产时给定了唯一的序号，因此可以在一条总线上寻址的 DS18B20 数量几乎是无限的。

(2) 引脚配置

DS18B20 的引脚图如图 7.2 所示。

GND 为接地接口；DQ 接口是数据输入/输出接口，在电源为寄生模式下，也可用来提供电源；VDD 有两种选择，当由外部供电时，该引脚需外接电源，而当为寄生模式时，该引脚必须接地。

(3) 供电方式

DS18B20 有两种供电模式，既可以通过 VDD 引脚外接外部电源供电，也可以采用寄生电源模式工作，即无须外部电源即可工作。寄生电源模式对于需要远程温度感应或者空间受限的应用领域大有用处。图 7.3 所示的为 DS18B20 的寄生电源控制电路，当总线为高电平时，它通过 DQ 引脚“窃取”总线的电源，即当总线为高电平时，被窃取的自由电子为 DS18B2 供电，这些电子存储在寄生电源电容(C_{PP})上，以便在总线为低电平时提供电源。需要注意的是，当 DS18B20 处于寄生电源模式时，VDD 引脚必须接地。图 7.4 所示的为 DS18B20 采用外部电源供电的方式。

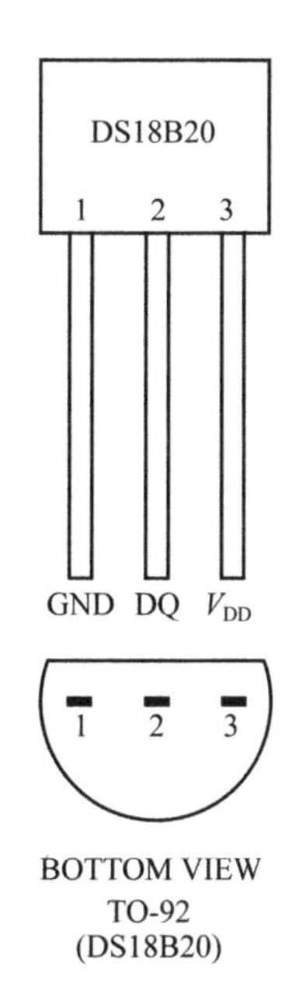

图 7.2　DS18B20 的引脚图

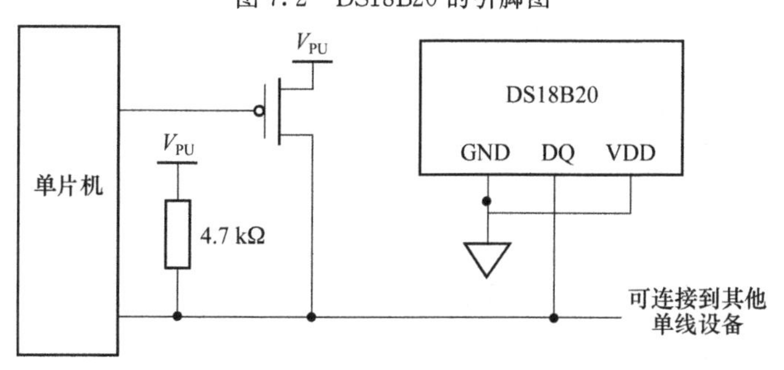

图 7.3　DS18B20 的寄生电源控制电路

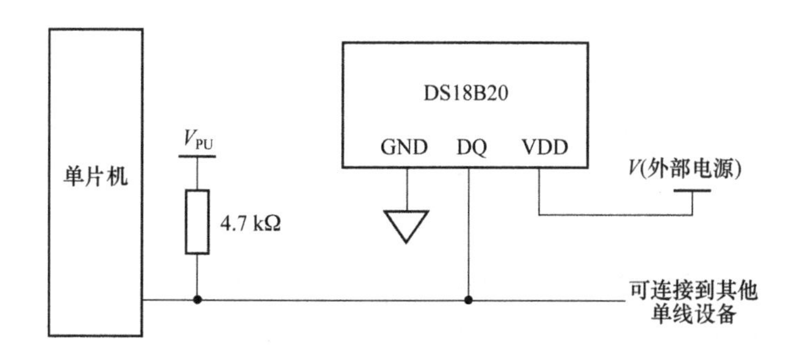

图 7.4　DS18B20 采用外部电源供电的方式

(4) 64 位 ROM

每个 DS18B20 都包含一个存储在 ROM 中的唯一的 64 位编码(见图 7.5)。ROM 代码的最低 8 位为 DS18B20 的 1-Wire 系列代码:28h。接下来的

48 位是每个 DS18B20 唯一的序列号。最高的 8 位是循环冗余校验(CRC)字节,该字节是从 ROM 代码的前 56 位计算的。

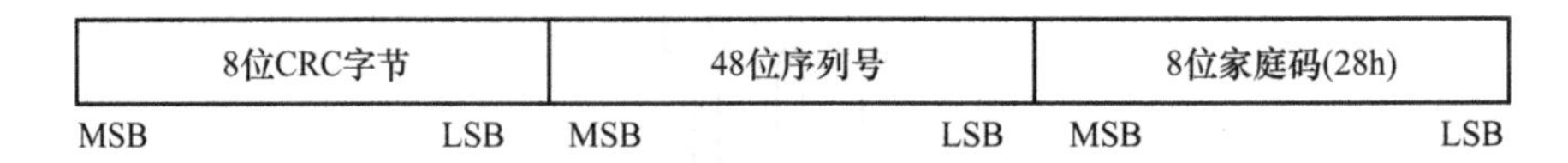

图 7.5　64 位 ROM 光刻 ROM

(5) 存储器

DS18B20 的存储器结构如图 7.6 所示。存储器由一个高速暂存器(SRAM)和一个非易失性可电擦除的存储器(EEPROM)组成,EEPROM 用来存储 TH 和 TL 值,如果未使用 DS18B20 报警功能,则 TH 和 TL 寄存器可用作通用存储器。

暂存器的字节 0 和字节 1 分别包含温度寄存器的 LSB 和 MSB。这些字节是只读的。字节 2 和 3 提供对 TH 和 TL 寄存器的访问。字节 4 包含配置寄存器数据,字节 5、6 和 7 保留用于设备的内部使用,并且不能被覆盖。暂存器的字节 8 是只读的,并包含暂存器的字节 0 到 7 的 CRC 代码。

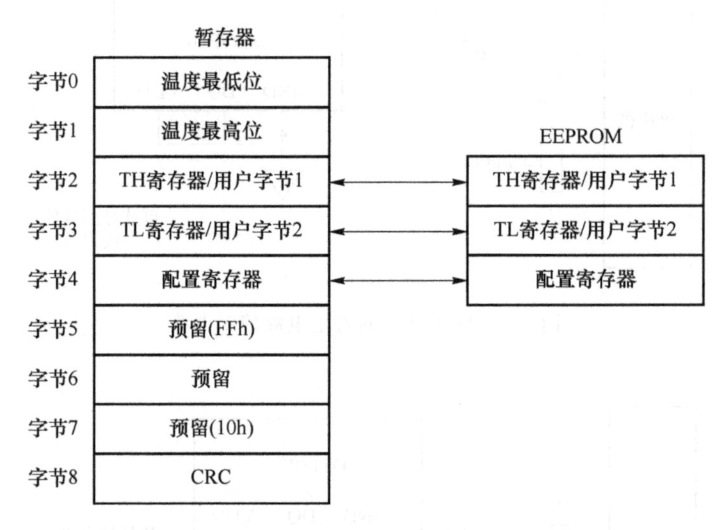

图 7.6　DS18B20 的存储器结构

(6) 配置寄存器

暂存器的字节 4 包含配置寄存器,其配置如图 7.7 所示。用户可以使用该寄存器中的 R0 和 R1 位设置 DS18B20 的转换分辨率,如表 7.1 所示。这些位的默认值是 R0 = 1 且 R1 = 1(12 位分辨率)。请注意,分辨率和转换时间之间存在直接的权衡。配置寄存器中的位 7 和位 0 至位 4 保留供器件内部使用,不能被覆盖。

BIT 7	BIT 6	BIT 5	BIT 4	BIT 3	BIT 2	BIT 1	BIT 0
0	R1	R0	1	1	1	1	1

图 7.7　配置寄存器

表 7.1　DS18B20 的解析配置

R1	R0	分辨率/bit	最大转换时间/ms
0	0	9	93.75
0	1	10	187.5
1	0	11	375
1	1	12	750

(7) CRC 码生成器

CRC 码即循环冗余校验码，为数据通信领域中最常用的一种差错校验码，其特征是信息字段和校验字段的长度可以任意选定。当从 DS18B20 读取数据时，CRC 码为总线主控器提供数据验证方法。为了验证数据是否已被正确读取，总线主控器必须从接收的数据中重新计算 CRC 码，然后用这个值与存储在 DS1820 中的值进行比较。如果计算的 CRC 码与读取的 CRC 码匹配，则表示数据无错误，可进行接收。

CRC 码(ROM 或暂存器)的等效多项式函数是

$$CRC = X^8 + X^5 + X^4 + 1$$

总线主机可以使用图 7.8 所示的多项式发生器重新计算 CRC 码，并将其与 DS18B20 的 CRC 码进行比较。图 7.8 所示的电路由移位寄存器和 XOR 门组成，移位寄存器位初始化为 0，从暂存器中 ROM 代码的最低有效位或字节 0 的最低有效位开始，一次一位应移入移位寄存器。在从 ROM 中移位第 56 位或从暂存器移位字节 7 的最高有效位之后，多项式发生器将包含重新计算的 CRC 码。接下来，必须将 DS18B20 的 8 位 ROM 代码或暂存器 CRC 码移入电路。此时，如果重新计算的 CRC 码是正确的，则移位寄存器将包含全 0。

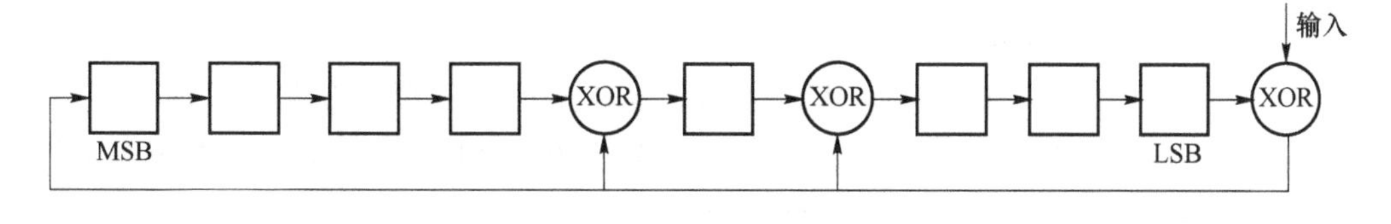

图 7.8　CRC 码生成器

2. 工作原理

(1) 测温操作

DS18B20 的核心是可以直接将温度转换为数字显示的温度传感器。温度传感器的分辨率可由用户设置为 9 位、10 位、11 位和 12 位，分别对应于 0.5 ℃、0.25 ℃、0.125 ℃和 0.062 5 ℃的精度，上电时默认分辨率为 12 位。DS18B20 在低功耗空闲状态下需要上电，启动温度测量和 A/D 转换之前，主机必须发出转换(T[44h])命令。转换后,产生的温度数据会存在暂存器内的 2 字节温度寄存器中,DS18B20 返回空闲状态。如果 DS18B20 由外部电源供电,则主机可以在转换命令后发出"读时隙",DS18B20 将在温度转换时通过单总线发送 0,(表示响应正在进行),并且在完成转换时变为 1。如果 DS18B20 采用寄生电源供电,则无法使用此通知技术,因为在整个温度转换期间必须通过强上拉将总线拉高,使其一直处于高电平。

DS18B20 输出的温度数据单位为摄氏度,温度数据以 16 位带符号扩展的二进制补码形式存储在温度寄存器中的第 1、2 字节。符号位(S)表示温度的正负:$S=0$ 表示为正数,此时可直接将二进制位转换为十进制;$S=1$ 表示为负数,此时需先将补码变换为原码,再计算十进制值。表 7.2 给出了数字输出数据的示例以及 12 位分辨率转换的相应温度读数。

表 7.2 数字输出数据

温度/℃	数字输出(二进制)	数字输出(十六进制)
+125	0000 0111 1101 0000	07D0h
+85*	0000 0101 0101 0000	0550h
+25.062 5	0000 0001 1001 0001	0191h
+10.125	0000 0000 1010 0010	00A2h
+0.5	0000 0000 0000 1000	0008h
0	0000 0000 0000 0000	0000h
−0.5	1111 1111 1111 1000	FFF8h
−10.125	1111 1111 0101 1110	FF5Eh
−25.062 5	1111 1110 0110 1111	FE6Fh
−55	1111 1100 1001 0000	FC90h

注:温度寄存器的上电复位值为 85 ℃。

(2) 报警操作

在 DS18B20 完成温度转换后,将得到的温度值与存储在 TH 和 TL 寄存器中用户定义的报警触发值进行比较。由于 TH 和 TL 寄存器是非易失性的,因此它们可在器件断电时保留数据。由于 TH 和 TL 寄存器是 8 位寄存器,因此在与 TH、TL 寄存器的比较中仅使用温度寄存器的第 11 位至第 4 位(0.5 ℃被忽略不计)。如果测量温度不在 TL~TH 范围内,则触发报警标志。每进行一次温度测量后就会更新该标志,因此,如果报警条件消失,则在下一次温度转换后标志将被关闭。主机可以通过发出报警搜索[ECh]命令来检查总线上所有 DS18B20 的报警标志状态。任何带有设置报警标志的 DS18B20 都会响应该命令,因此主机可以确切地知道哪些 DS18B20 达到报警状态。如果存在报警条件且 TH 或 TL 寄存器设置已更改,则应进行另一次温度转换,以验证报警条件。

7.1.2　基于单片机的软件编程

DS18B20 时序

访问 DS18B20 的顺序为

第一是初始化；

第二是执行 ROM 命令(后跟所需的数据交换)；

第三是执行 3DS18B20 功能命令(后跟所需的数据交换)；

第四是处理数据。

每次访问 DS18B20 时都必须遵循此顺序，因为如果序列中的任何步骤丢失或无序，DS18B20 都将不会响应。此规则的例外是 Search ROM [F0h]和 Alarm Search [ECh]命令，当 DS18B20 发出这两种 ROM 命令后，主机必须返回序列中的步骤①。

(1) 初始化

DS18B20 的单总线上的所有操作都以初始化序列开始，该序列由来自主机的复位脉冲和来自 DS18B20 的应答脉冲组成。如图 7.9 所示，当 DS18B20 响应复位并向主机发送应答脉冲时，即意味着向主机指示它在总线上并准备好运行。

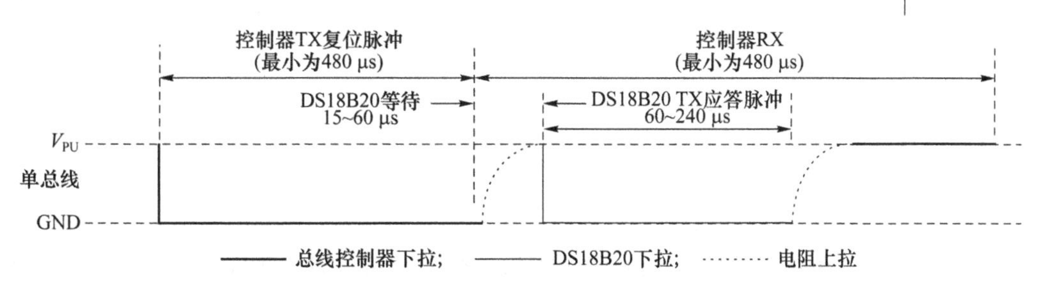

图 7.9　DS1B20 初始化时序图

在初始化序列期间，总线主机通过将 1-Wire 总线拉低至少 480 μs 来传输复位脉冲。然后总线主机释放总线并进入接收模式(RX)。释放总线时，5 kΩ 上拉电阻将 1-Wire 总线拉高。当 DS18B20 检测到该上升沿时，它会等待 15 μs 至 60 μs，然后通过将 1-Wire 总线拉低 60 μs 至 240 μs 来发送应答脉冲。

DS18B20 初始化汇编程序如下。

```
INIT_1820:
  SETB  DQ
  NOP
  CLR   DQ
  MOV   R0,#06BH
TSR1:
```

```
    DJNZ  R0,TSR1;延时
    SETB  DQ
    MOV  R0,#25H
TSR2:
    JNB  DQ,TSR3
    DJNZ  R0,TSR2
    LJMP  TSR4;延时
TSR3:
    SETB  FLAG1;置标志位,表示 DS1820 存在
    CLR  P2.0;指示二极管
    LJMP  TSR5
TSR4:
    CLR  FLAG1;清标志位,表示 DS1820 不存在
    LJMP  TSR7
TSR5:
    MOV  R0,#06BH
TSR6:
    DJNZ  R0,TSR6;延时
TSR7:
    SETB  DQ
    RET
```

(2) ROM 命令

在总线主控器检测到存在脉冲之后,它可以发出 ROM 命令。这些命令对每个从器件的唯一 64 位 ROM 代码进行操作,如果 1-Wire 总线上有许多器件,则允许主器件单独输出特定器件。这些命令还允许主设备确定总线上存在多少设备和哪些类型的设备,或者是否有任何设备遇到报警条件。具有五个 ROM 命令,每个命令长度为 8 位,具体命令列举在表 7.3 中。在发出 DS18B20 功能命令之前,主设备必须发出适当的 ROM 命令。

表 7.3 ROM 命令的类型及功能

命令类型	命令字节	功能说明
Search ROM	F0h	当系统初始上电时,主机可通过排除过程识别总线上所有从机的 ROM 代码,从而确定从机的数量及其设备类型
Read ROM	33h	该命令只能在总线上只有一个 DS18B20 时使用,否则将发生数据冲突。允许总线主机在不使用 Search ROM 程序的情况下读取从机的 64 位 ROM 代码

续 表

命令类型	命令字节	功能说明
Match ROM	55h	该命令后跟 64 位 ROM 代码，并寻找与之匹配的 DS18B20 来响应主机发出的功能命令，总线上的所有其他从站将等待复位脉冲
Skip ROM	CCh	主机可以使用此命令同时寻址总线上的所有设备，而不发送任何 ROM 代码信息
Alarm ROM	ECh	只有设置了警报标志的 DS18B20 才会响应该命令

注意：只有在总线上有单个从设备时，Read Scratchpad [BEh]命令才能遵循 Skip ROM 命令。在这种情况下，通过允许主设备读取设备而不发送设备的 64 位 ROM 代码来节省时间。如果有多个从设备，则会在跳过 ROM 命令后直接启动 Read Scratchpad 命令，这将导致总线上的数据冲突，因为多个设备将同时尝试传输数据。

(3) DS18B20 功能命令

在总线主机上使用 ROM 命令寻址希望与之通信的 DS18B20 之后，主机可以发出 DS18B20 功能命令之一。这些命令允许主机对 DS18B20 的暂存器进行写入和读取，启动温度转换并确定电源模式。DS18B20 功能命令的类型及功能总结在表 7.4 中。

DS18B20 采用严格的 1-Wire 通信协议来确保数据的完整性。该协议定义了几种信号类型：复位脉冲、在线脉冲、写入 0、写入 1、读取 0 和读取 1。总线主控器启动所有这些信号，但存在脉冲信号除外。

表 7.4　DS18B20 功能命令的类型及功能

命令类型	命令字节	功能说明
Convert T	[44h]	该命令所以启动单个温度转换。若 DS18B20 由外部电源供电，则主机可以在 ConvertT 命令后发出读时隙，DS18B20 将在温度转换正在进行时发送 0，在转换完成时发送 1。在寄生电源模式下，由于在转换期间需通过强上拉将总线拉高，因此不能使用该通知技术
Write Scratchpad	[4Eh]	该命令允许主机将 3 字节（暂存器的字节 2、3、4）的数据写入 DS18B20 的暂存器。数据必须要传输最低有效位，且必须在主机发出复位脉冲前写入所有 3 字节，否则数据可能已损坏
Read Scratchpad	[BEh]	该命令允许主机读取暂存器的内容。数据传输从字节 0 的最小有效位开始，并继续通过暂存器，直到读取第 9 个字节（字节 8-CRC）。如果仅需要部分暂存器数据，则主设备可以在任何时间发出重置，以终止读取

续表

命令类型	命令字节	功能说明
Copy Scratchpad	[48h]	该命令将寄存器 TH、TL 和配置寄存器(字节 2、3 和 4)的内容复制到 EEPROM
Recall E^2	[B8h]	该命令从 EEPROM 中调用报警触发值(TH 和 TL)和配置数据,并将数据分别放在暂存器中的字节 2、3 和 4 中。上电操作在上电时自动进行,因此一旦为设备通电,就会在暂存器中获得有效数据
Read Power Supply	[B4h]	确定总线上的 DS18B20 的供电模式。在接外部电源时,DS18B20 发送 1,在寄生电源模式时,DS18B20 发 0

总线主机在写时隙期间将数据写入 DS18B20,并在读时隙期间从 DS18B20 读取数据。每个时隙通过 1-Wire 总线传输一位数据。下面将具体介绍读时隙与写时隙。

(1) 写时隙

写时隙有两种类型:写 1 时隙和写 0 时隙。总线主机通过使用写 1 时隙将逻辑 1 写入 DS18B20,通过使用写 0 时隙将逻辑 0 写入 DS18B20。所有写时隙的持续时间必须至少为 60 μs,最长不超过 120 μs,且两个写时隙之间的恢复时间至少为 1 μs。两种类型的写时隙均由主机将 1-Wire 总线拉低启动。

若要产生写 1 时隙,在将 1-Wire 总线拉低后,总线主机必须在 15 μs 内释放 1-Wire 总线。总线释放后,5 kΩ 上拉电阻将总线拉高一直到写时隙周期结束。要产生写 0 时隙,在将 1-Wire 总线拉低后,总线主控器必须在时隙期间(至少 60 μs)继续保持总线低电平。

在主机启动写时隙后,DS18B20 在一个持续 15 μs 至 60 μs 的窗口期间对 1-Wire 总线进行采样。如果在采样窗口期间总线为高电平,主机则会向 DS18B20 写入 1;如果该线为低电平,则向 DS18B20 写入 0。

写 DS18B20 的程序如下。

```
WRITE_1820:
  MOV  R2,#8
  CLR  C
WR1:
  CLR  DQ
  MOV  R3,#6
  DJNZ  R3,$
  RRC  A
  MOV  DQ,C
  MOV  R3,#23
```

```
DJNZ  R3,$
SETB  DQ
NOP
DJNZ  R2,WR1
SETB  DQ
RET
```

(2) 读时隙

当主机发出读时隙时,DS18B20 只能向主机发送数据。因此,主机必须在发出 Read Scratchpad [BEh]或 Read Power Supply [B4h]命令后立即生成读时隙,以便 DS18B20 可以提供请求的数据。此外,主机可以在发出转换T[44h]或调用 E2 [B8h]命令后生成读时隙,以找出操作状态。

所有读取时隙的持续时间必须至少为 60 μs,插槽之间的恢复时间至少为 1 μs。主器件启动一个读时隙后,需将 1-Wire 总线拉低至少 1 μs,然后释放总线(见图 7.10)。主机启动读时隙后,DS18B20 将开始在总线上发送 1 或 0。DS18B20 通过将总线保持为高电平来发送 1,并通过将总线拉低来发送 0。发送 0 时,DS18B20 将在时隙结束时释放总线,并通过上拉电阻将总线拉回高空闲状态。在启动读时隙的下降沿之后,DS18B20 的输出数据有效时间为 15 μs。因此,主器件必须释放总线,然后在从插槽开始的 15 μs 内采样总线状态。

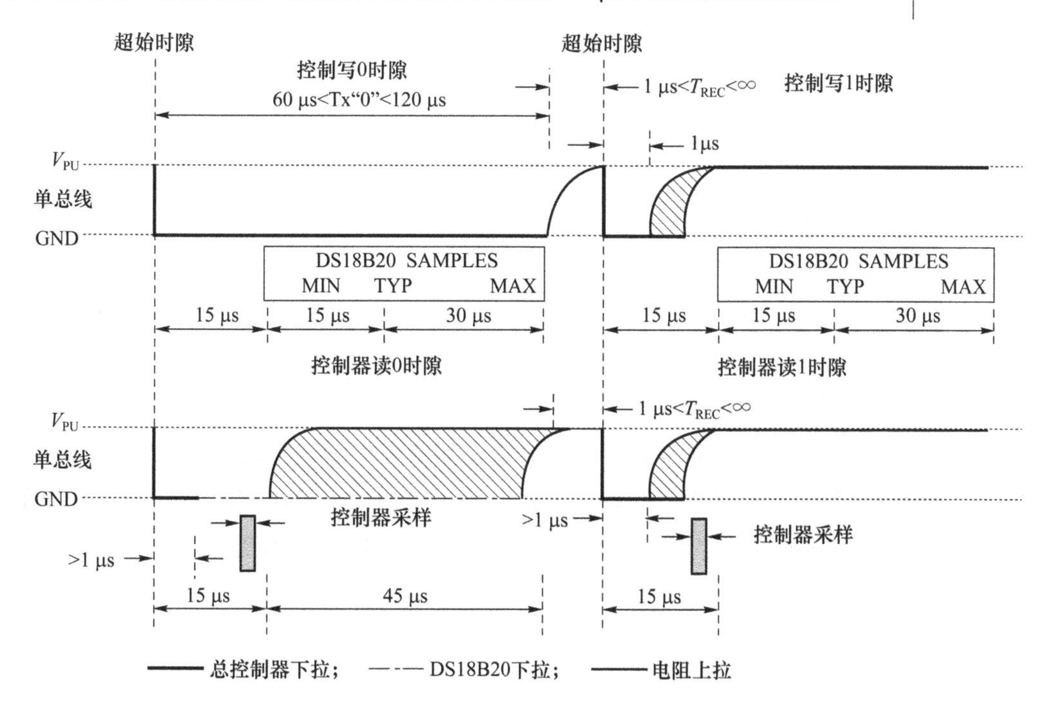

图 7.10　DS18B20 读写时序图

读 DS18B20 的程序(从 DS18B20 中读出 2 字节的温度数据)示例如下。

```
READ_18200:
  MOV  R4,#2;将温度高位和低位从 DS18B20 中读出
  MOV  R1,#36H;低位存入 36H(TEMPER_L),高位存入 35H(TEMPER_H)
RE00:
  MOV  R2,#8
RE01:
  CLR  C
  SETB  DQ
  NOP
  NOP
  CLR  DQ
  NOP
  NOP
  NOP
  SETB  DQ
  MOV  R3,#7
  DJNZ  R3,$
  MOV  C,DQ
  MOV  R3,#23
  DJNZ  R3,$
  RRC  A
  DJNZ  R2,RE01
  MOV  @R1,A
  DEC  R1
  DJNZ  R4,RE00
RET
```

单片机实现温度转换和读取温度数值程序的流程图如图 7.11 所示,初始化过程包括单片机的初始化,以及使用 ROM 命令 Search ROM 搜索获取单总线上挂接的 DS18B20 的个数和各 DS18B20 的序列号信息。

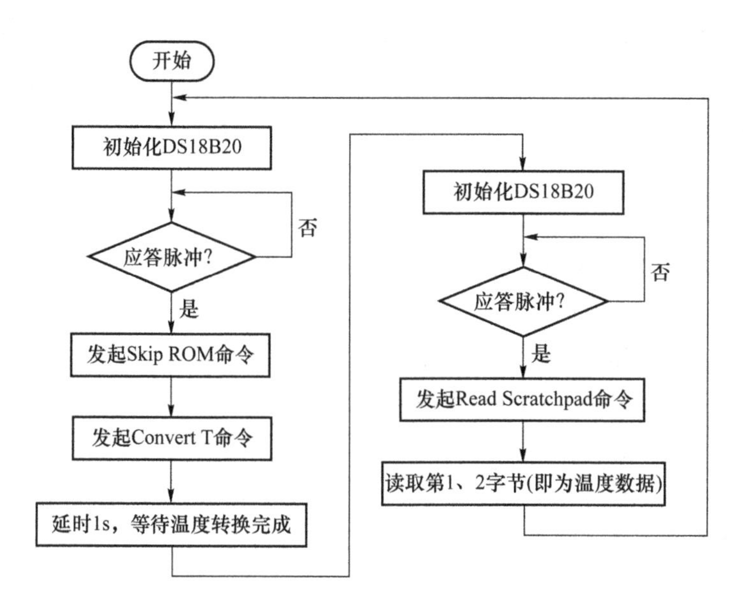

图 7.11 单片机实现温度转换读取温度数值程序的流程图

在测温模块中，单片机首先要产生一个复位脉冲来初始化 DS18B20，这是通过拉低 DQ 脚 1 ms 实现的。在程序里，先将单片机的 DQ 脚设为输出，然后 DQ 输出低电平，延时 1 ms 后，DQ 脚再拉高，这样就实现了复位脉冲的产生。发出复位脉冲后，单片机就要接收 DS18B20 的应答脉冲。在程序里，通过先判断 DQ 脚是否为高电平，紧接着判断 DQ 是否被拉低为低电平来实现应答脉冲的检测。在检测到应答脉冲后，根据 DS18B20 的时序要求，还需再延时 400 μs，以便下一步的指令操作。

在检测到 DS18B20 正确的应答后，就可以对它发出操作命令。首先向 DS18B20 发出 0xCC 的指令字节，该指令是 Skip ROM 指令，在这里不需要对 DS18B20 的 ROM 命令进行操作，紧接着发出 0x44 的启动温度转换的指令，DS18B20 收到指令后开始测量温度，并将温度值进行 A/D 转换。由于该转换过程需要 750 ms，所以设置了延时 1 s，以确保测得准确的温度值。延时 1 s 后，就可以读取温度。同样地，首先要向 DS18B20 发出复位脉冲，然后检测应答脉冲，接着向 DS18B20 发出 0xBE 的读取温度寄存器的指令。发出读取温度指令后，立即将单总线设置为单片机读周期的模式，读取 DS18B20 发出的温度值。至此，基于 DS18B20 的温度检测模块的设计就完成了。

7.2 集成压力传感器 MLX9080×

迈来芯(Melexis)公司推出了两款集成式可编程相对/绝对压力传感器

IC——MLX90807/MLX90808。这两款压力传感器均采用最先进的CMOS技术和MEMS技术，具有非常高的精度，在需要小型化和紧凑型压力传感器的应用中，其可在校准后具有良好的精度，主要应用在工业、汽车以及家用电器等行业。

7.2.1 MLX9080×的结构和工作原理

MLX9080×压力传感器的特点如下。

- 具有紧凑的单片(单模)解决方案。
- 总体误差范围小于1%。
- 可通过连接器进行编程。
- 偏置和灵敏度可调。
- 输出与施加的压力成正比。
- 可诊断电源线断裂和传感器损坏。
- 输出保护可防止两个电池端子短路。

1. MLX9080×简介

(1) 原理图

如图7.12所示，MLX9080×在同一芯片上集成了压力传感器和相关的信号调理，其中电源电压V_{DD}直接为压力传感器供电。

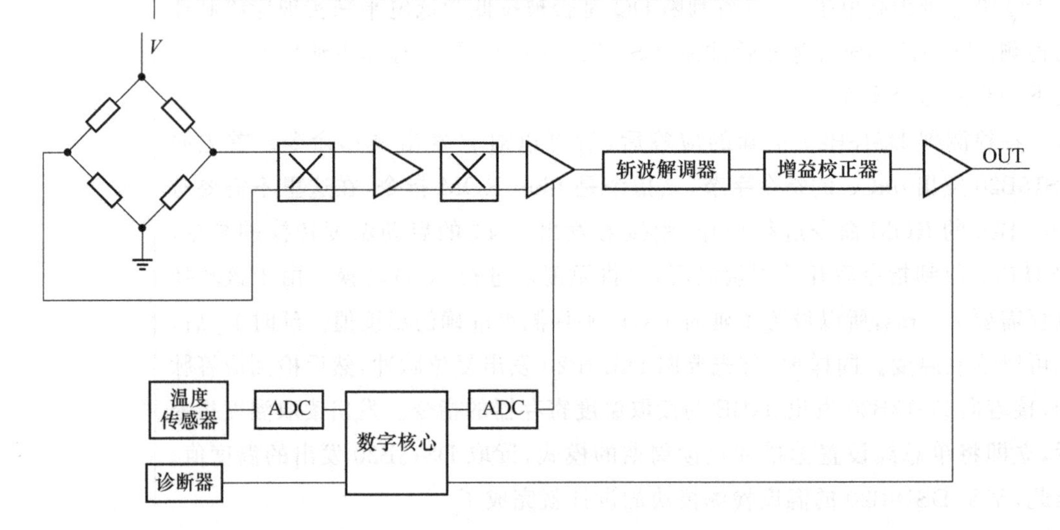

图7.12　MLX9080×原理图

MLX9080×由一个与数字核心和片上温度传感器相互作用的模拟信号链组成，以便在校准后提供统一的整体传感特性，并消除温度相关的参数漂移。MLX9080×的输出与施加的压力成正比，这个斜率可调节。MLX9080×芯片具有比例性，可通过1 mA电流源和吸收功能实现轨到轨输出。

(2) 具体介绍

MLX9080×在同一芯片上集成了压力传感器和相关的信号调理功能。电源电压 V_{DD} 直接为压力传感器供电。

压力传感元件由方形隔膜组成,方形隔膜通过在硅芯片背面蚀刻实现,由于膜的厚度很薄,上下两侧的压力差会造成薄膜产生形变。膜的内部应变增大,尤其是在膜的边界处,可将压阻元件植入薄膜中的这些位置,起到换能器的作用。

压阻元件将施加在硅膜上的压力引起的应变转换为自身电阻值的变化。四个压阻被放置在硅膜的四个边界处,组成了一个惠斯通电桥。

斩波仪表放大器将传感器的差分输出信号放大,该放大器的增益可以用3位数据调整。在输入级之后是3位可编程粗略偏移的电路,其后是一个差分到单端的转换电路,该级的参考电压由10位数模转换器(DAC)产生,并随温度线性变化,以执行零点偏移和失调补偿。使用数字乘法器计算此补偿量,而乘法器的输入温度信号是由内部温度传感器输出信号经过ADC(模数转换器)产生的。

斩波信号通过开关电容级进行信号解调。缓冲输出作为10位DAC的参考量来执行量程和量程漂移补偿。DAC由数字电路控制。

最后,信号由放大器输出,从而获得较大的拉电流和灌电流。

可以使用3个温度点和每个温度的2点压力点校准传递函数,以在整个压力和温度范围内实现小于±1%的误差(输出误差参考输出范围)。PTC(通过连接器编程)协议用于执行校准。

传感器芯片的编程通过模拟连接(即电源、接地、信号输出)进行。校准不需要额外的引脚。保护输出电路可防止发生短路。

(3) 封装信息

MLX9080×封装引脚图如图7.13所示。

图7.13　MLX9080×封装引脚图

表 7.5　引脚定义和描述

封装引脚编号	引脚名称	功能
11	VDD	外接电源
13	OUT	输出引脚
14	VSS	接地引脚，有 2 个可用，但只能连接一个接地引脚

2. MLX9080×压力传感器的应用领域

(1) 汽车应用。

发动机管理：MAP/TMAP、气压计。

燃油管理：燃油蒸汽、燃油分配、CNG/LPG。

制动系统：制动助力器。

油压：发动机、变速箱、过滤器控制、暖通空调系统。

(2) 家电应用：洗衣机、洗碗机、锅炉、家用 HVAC 系统。

(3) 医疗应用：呼吸器、血压监测。

3. 绝对最大额定值

MLX9080×的绝对最大额定值如表 7.6 所示。

表 7.6　绝对最大额定值

参数	符号	最小值	最大值	单位
电源电压(过压)	V_{DD}	−14	16	V
电源电压(工作电压)	V_{DD}	4.5	5.5	V
电源电流(当 V_{DD}=16 V 时的 I_{DD})	I_{DD}		25	mA
输出电压	V_{out}	−0.5	16	V
输出电流，单输出短接到 0 V，…，16 V	I_{DD}		100	mA
反向电源电流限制	I_{DD}		160	mA
编程温度范围(快速移动单元)	TP	−20	100	℃
工作温度范围	TA	−40	140	℃
存储温度范围	TB	−50	150	℃
静电放电敏感性		−2	2	kV

超过绝对最大额定值可能会造成永久性损坏，且长时间暴露在绝对最大额定条件下可能会影响器件的可靠性。

4. 独特的功能

(1) 极限诊断功能

传感器损坏诊断：当传感器膜破裂时，输出将被强制接地(或为非常低的电平)。

引线损坏诊断：当电源线断开时，输出将被强制接地(或为非常低电平)，即使上拉电阻仍然与输出引脚连接。

当接地线断开时，即使下拉电阻仍然连接到输出引脚，输出将被强制为电源电压（或非常高的电平）。

(2) 输出保护功能

防止输出端和电源或地发生短路，输出端可输出−0.5 V 至 16 V 之间的电压（与电源电压无关）。

(3) 存储器锁定功能

存储器由快速存储单元组成。当编程完所有校准参数后，可以锁定芯片，这样可以避免将不需要的数据写入存储单元。一旦芯片在正常应用中被锁定，我们无法快速读取存储单元的内容，并且无法解锁，除非使用 MOW 引脚。可以通过在 MOW 引脚上施加 2.5 V 到 5 V 之间的电源来完成，这样就可以回读存储器单元的内容并在必要时切换下一个单元。

(4) 输出钳位电平功能

用户可以启用输出钳位电平功能，以确保在正常应用中输出不会发生故障。

7.2.2 MLX90807 的编程与校准

1. MLX90807 临时存储器的编程

临时存储器由触发器的移位寄存器组成，它用于搜索正确的校准设置。模式 1(TC [5:0]=01h)用于此目的。然后可以将这些设置放入永久存储器中。编程通过连接器完成，此过程只需要应用引脚（电源、接地和输出）。可通过足够高的强制供电（VCC_T）来启用编程，通过 OUT 引脚输入数据。数据是脉冲宽度调制的。在编程结束时，将 OUT 保持为高电平，直到 V_{CC} 达到其正常电平（VCC_N），此后再断开 OUT。MLX90807 的编程时序图如图 7.14 所示，在进行下一个设置之前，无须关闭电源。

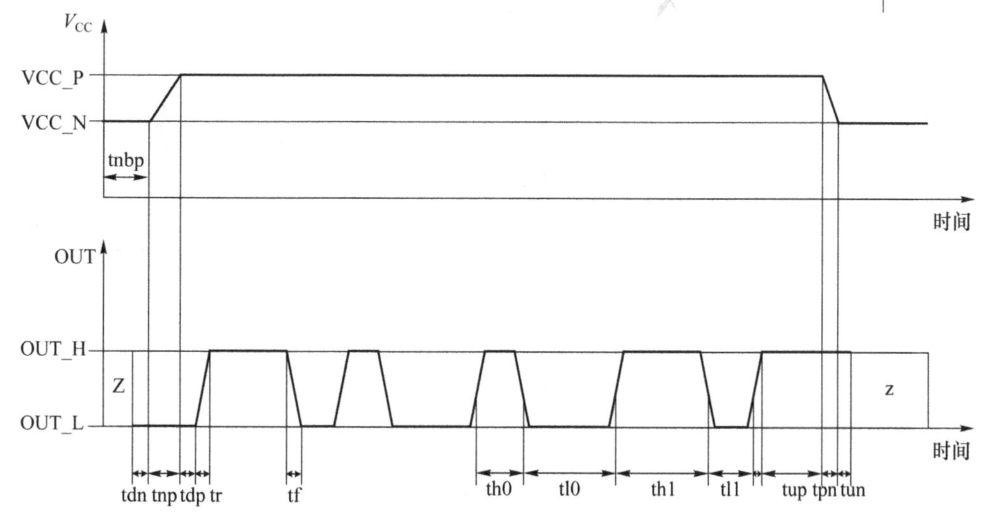

图 7.14　MLX90807 的编程时序图

压力传感器 MLX90807 的存储器是 OTP 一次性可编程的 ROM，只能一次编程。室温校准数据、高温校准数据及低温校准数据存于三块独立的存储区，三者是可以分开分次编程校准的。

补充：MLX90807 用作燃油蒸汽压力传感器时，编程调试需要的工具有编程器 PTC04、编程器子板 PTC04-DB-Pressure01、标准压力源及温箱。MLX90807 的基本编程方式是两点校准，可以分别在室温、高温校准高、低两个压力点，且室温、高温可以单独校准，中间可以断电。

2. MLX90807 的快速存储单元

MLX90807 的永久存储器是由快速存储单元构建的。未编程的快速存储单元的数据输出为 0。当单元被切换时，数据输出为 1，无法将快速存储单元重新编程为 0，且一次只能触发 1 位。

在一般情况下，应使用普通模式（TC [5:0]＝00h），并将临时存储器中的 1 位程序设置为 1，之后需要增加电源电压（VCC_Z），以便能够消除该位。当 OUT 变高（OUT_Z）时，切换开始。在切换期间将流过大约 200 mA 的高电流。memlock-bit 应作为最后一位被删除，因为它会禁用编程。具体过程如图 7.15 所示。

除此之外也可以使用模式 5（TC [5:0]＝05h）读出快速存储单元。在临时存储器中应将 1 位设置为 1。应在正常电源电压下测量电源电流。低电流（ICC_R0）表示没有编程快速存储单元；高电流（ICC_R1）表示快速存储单元已编程。

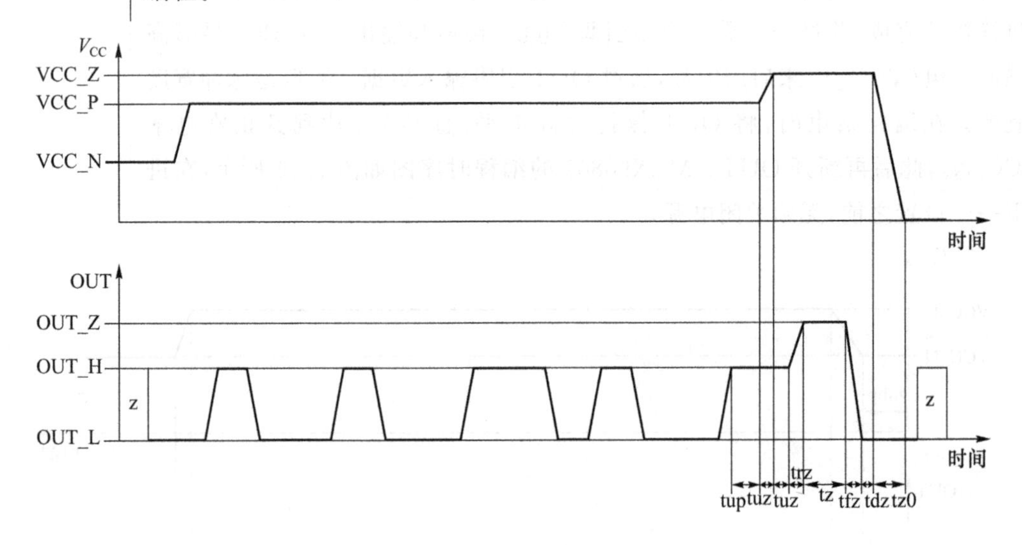

图 7.15 MLX90807 的切换时序图

7.3　集成光电开关 ULN-3330

集成光电开关

ULN-3330 是美国摩托罗拉公司生产的集成光电传感器，是一种新型的光电开关，将光敏二极管、低电平放大器、电平探测器、输出功率驱动器和稳压电路等五部分都集成在了一块 2 mm×3.5 mm 的硅片上，形成了一种具有驱动能力的光敏功率器件。该器件可用于众多使用光敏器件的场合，使光敏器件的应用变得简单、可靠。

7.3.1　ULN-3330 的主要结构与工作原理

1. 工作原理

ULN-3330 的结构如图 7.16 所示，此器件由五部分组成，分别为光敏二极管、低电平放大器、电平探测器、输出功率驱动器和稳压电路。

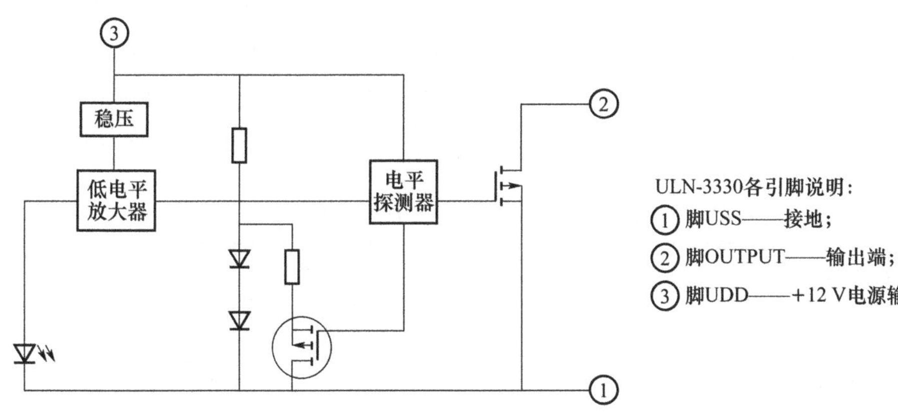

图 7.16　ULN-3330 的结构

光敏二极管的光敏区域约为 1.1 mm×1.1 mm，峰值波长为 880 nm。当它受到光照时，会产生微安数量级的光电流。

低电平放大器是一种低噪声小电流放大器，能对微安级的光电流进行放大、电平位移，最后输出可供电平探测器鉴别的电平。

电平探测器是由施密特电路构成的电平比较器，有约 20%的滞后特性。

输出功率驱动器是 NPN 型功率晶体管，最大可通过 100 mA 的电流，可以直接驱动各种负载。稳压电路可确保当电压在 4～15 V 范围内变化时电路能稳定地工作。

ULN-3330 接上电源与负载后，不需要其他元件就能工作。当器件顶部受到大于 50 lx 的光照时，器件会输出高电平，此时负载上没有电流；当光照不足 45 lx 时，器件会输出低电平，此时负载上有电流通过。

2. 主要特性参数

为了使用者方便，ULN-3330 有三种封装形式：其一，ULN-3330D 采用 TD-52 带玻璃窗的圆形金属封装，主要用于方向性强的光探测；其二，ULN-3330T 采用厚度仅为 2.0 mm 的平透明塑料封装；其三，ULN-3330Y 采用半椭球透明塑料封装。ULN-3330 三种封装形式的外形及引脚排列如图 7.17 所示，从左至右分别为 ULN-3330D、ULN-3330T、ULN-3330Y。

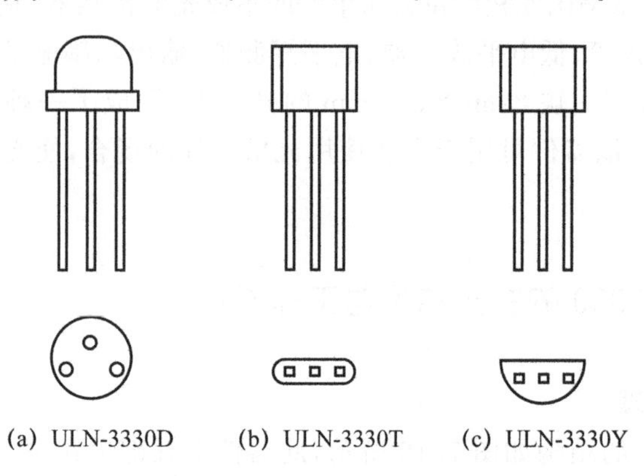

(a) ULN-3330D　(b) ULN-3330T　(c) ULN-3330Y

图 7.17　ULN-3330 三种封装形式

表 7.7 给出了 ULN-3330 的极限参数和在规定条件下的光电参数，参数表明，ULN-3330 具有在宽温度范围(−40 ℃～+70 ℃)和宽电压(4.0～15 V)内，以满意的工作灵敏度(≥45 μW/cm²)和合适的滞后(16%～20%开启照度)进行工作的特性。

表 7.7　ULN-3330 的主要特性参数表

参数名称	符号	单位	测试条件	规范值		
				最小值	典型值	最大值
电源电压	V_{CC}	V		4.0	6.0	15
电源电流	I_{CC}	mA			4.0	8.0
输出电流	I_{OUT1}	mA				50
光临界阈值	E_{ON}	lx	输出接通(ON)	45	53	61
	E_{OFF}	lx	输出关断(OFF)		63	
ON 态输出电压	V_{OUT}	mV	$I_{OUT}=15$ mA		300	500
			$I_{OUT}=25$ mA		500	800
OFF 态输出电流	I_{OUT2}	微安	$V_{OUT}=15$V			1.0
输出下降时间	t_f	ns	光强从 90% 下降至 10%		200	500
输出上升时间	t_r	ns	光强从 10% 上升至 90%		200	500
工作温度范围	T_A	℃		−40		+70
储存温度	T_S	℃	ULN-3330D	−55		+150
			ULN-3330T	−55		+110
			ULN-3330Y	−55		+110

7.3.2　ULN-3330 的应用

该器件最大输出电流可达 50 mA,因此可方便地直接与各种负载连接。

① 直接驱动灵敏继电器,如各种小型密封继电器、干簧继电器等,电路图如图 7.18 所示。

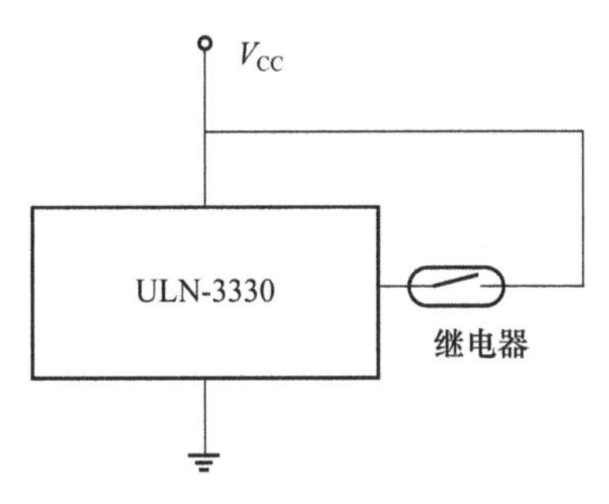

图 7.18　ULN-3330 与继电器相连

② 直接驱动白炽灯泡,电路图如图 7.19 所示。

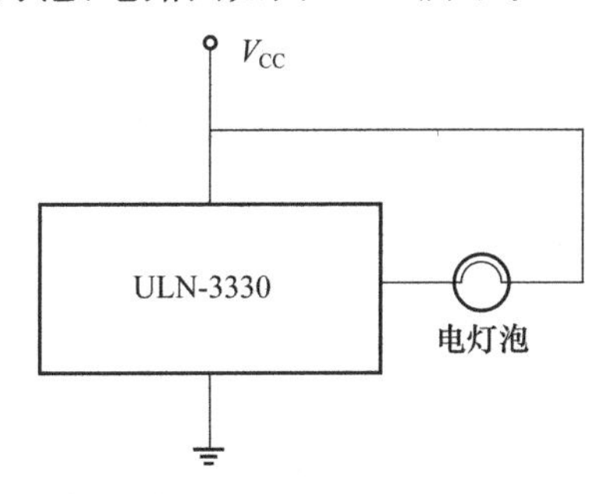

图 7.19　ULN-3330 与电灯泡相连

③ 直接驱动发光二极管(LED),但需根据使用要求再串联一只限流电阻,电路图如图 7.20 所示。

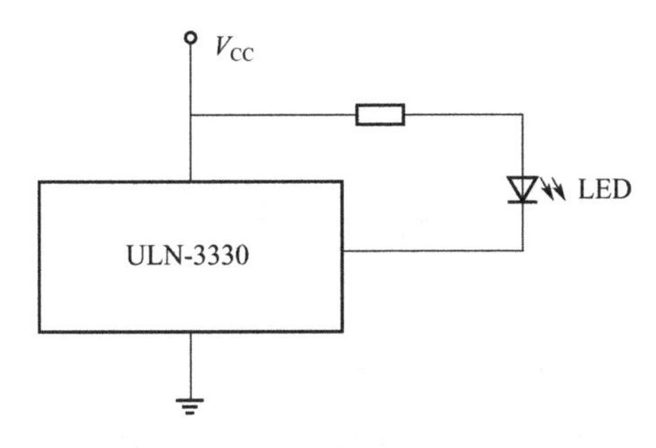

图 7.20　ULN-3330 驱动 LED

④ 直接驱动微型直流马达,电路图如图 7.21 所示。

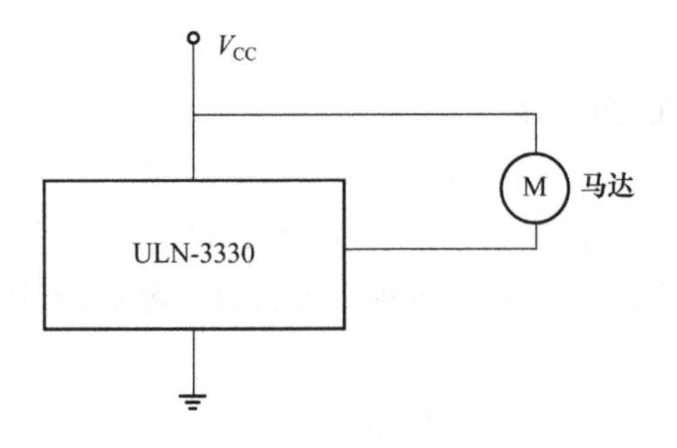

图 7.21　ULN-3330 驱动马达

⑤ 与 TTL 电路直接相连,电路图如图 7.22 所示。

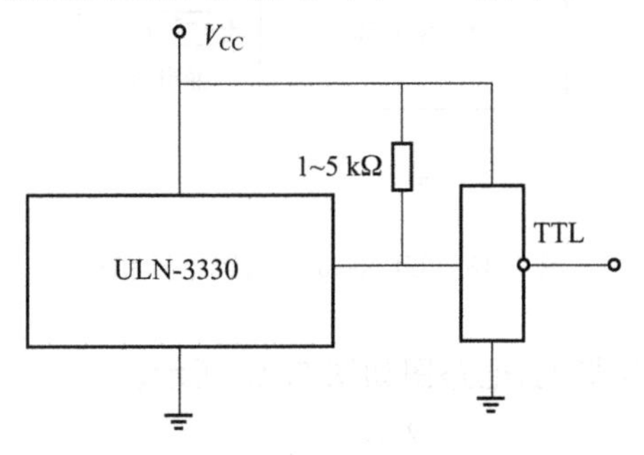

图 7.22　ULN-3330 与 TTL 电路相连

⑥ 与 CMOS 电路直接相连,电路图如图 7.23 所示。

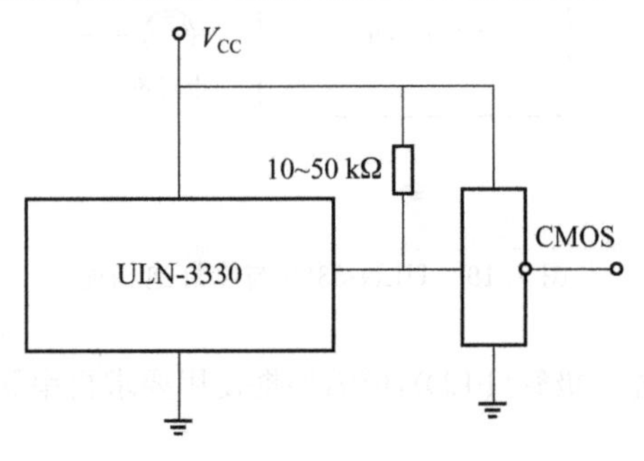

图 7.23　ULN-3330 与 CMOS 电路相连

习　　题

7.1　什么是集成传感器? 它的特点是什么?

7.2　请编写 DS18B20 读写数据的汇编语言程序并注释语言功能。

7.3　请通过查阅资料简单介绍另一种集成压力传感器。

7.4　举例说明 ULN-3330 的实际应用。

第8章　传感器在物联网中的应用

众所周知，物联网的大力发展给人们的生活带来了很大的便捷性，而在物联网中充当“中枢神经”的传感器则显得至关重要。其中二维码技术、传感器技术以及射频识别技术都是现阶段物联网系统中运用较多的技术，并且传感器是其中的核心环节，是外界信息与系统内部信息之间传递的桥梁。正因为传感器及时地将外界的信息传输到物联网系统中，物联网才能够及时地做出调整。另外，物联网的系统主要包括三个部分：应用层、网络层以及感知层。最为关键的是感知层，它是物联网数据与物理实体的基础层，主要由传感器与传感网两者相结合，也是三层中最下面的一层，同时它也是物联网的管理对象。由此可见，感知层在物联网中具有重要地位，感知层起到感知作用，将物联网中的数据进行感知，从而读出网络物体特征数据。因此，只有完善感知层的技术，才能保障物联网的正常运行。此外，感知层中的传感器技术更是重中之重，这是构建物联网的基础条件。物联网采集信息主要依赖传感器完成，传感器可代替物联网“去看、去听、去嗅”，是感知层的核心技术。当代社会中，物联网正常运行离不开传感器各环节的配合，每个环节的传感器不仅能够对物联网的运行过程进行监视，还能控制物体在运行过程中的各项参数，保障设备的正常运行，实现物联网运行的最佳效果。本章对传感器在物联网中的应用进行分析和研究，通过几个具体实例来展现传感器如何在物联网中发挥作用。

8.1　基于物联网的激光传感器在智能家居中的应用

在人们的居住环境中，家居用品很多，而且人们时常需要添置和更替家居用品。基于物联网的传感器技术是一种解决智能家居相关使用问题的好方法，它只需在传感器网络的相关位置添加节点就能够实现家居用品管控。而激光传感器精度高、通信速度快，用它来提升智能家居的通信性能最为适合。

物联网智能家居概述

8.1.1 智能家居物联网体系

智能家居的通信性能和布线方式是需要重点关注的，激光传感器的安置点成为研究重点。将物联网用于智能家居最主要的目的是减少布线，进而建造出一个维修方便、安装便捷、拓展难度小的智能家居居住环境。智能家居物联网体系有三个组成结构，分别是认知层、互联网层以及应用层，图 8.1 表示了智能家居物联网体系组成结构图。

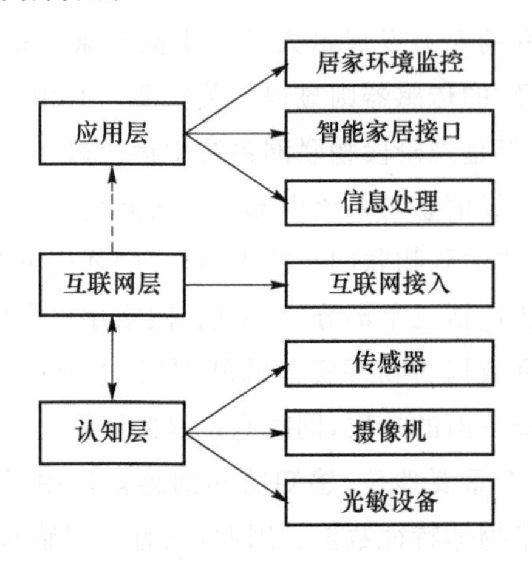

图 8.1　智能家居物联网体系组成结构图

如图 8.1 所示，实线箭头代表有线连接与通信，虚线箭头代表无线连接与通信。认知层完整地体现了物联网特点，阐述了物联网通过传感器、摄像机和光敏设备不间断地采集、认知智能家居所处环境以及智能家居使用者的行为数据。互联网层进行互联网接入，并提供给认知层有线信息交互通道，其采用无线通信与应用层中的居家环境监控系统、智能家居接口和信息处理系统进行交互。互联网层在接入互联网的同时，还要连接管控平台、数据库等互联网资源来获取数据分析能力，以提高网络接入率。应用层负责将居住环境中所有智能家居接入互联网中。在接入过程中，认知层的传感器与互联网共同构建无线传感器网络，网络覆盖情况与传感器节点位置有关，传感器节点位置视居住环境的不同而略有差异，可以肯定的是，智能家居物联网体系只有将认知层和应用层融合起来才能改善智能家居的布线缺陷和解决通信问题。

8.1.2 基于物联网的激光传感器智能家居控制系统研究

① 系统节点安置及控制原理

在安置智能家居激光传感器节点时，需要考虑能耗最小原则和通信数据丢失最小原则，因此，采用簇状架构。以最普遍的两室两厅一卫家居环境为例安置激光传感器节点，如图 8.2 所示。

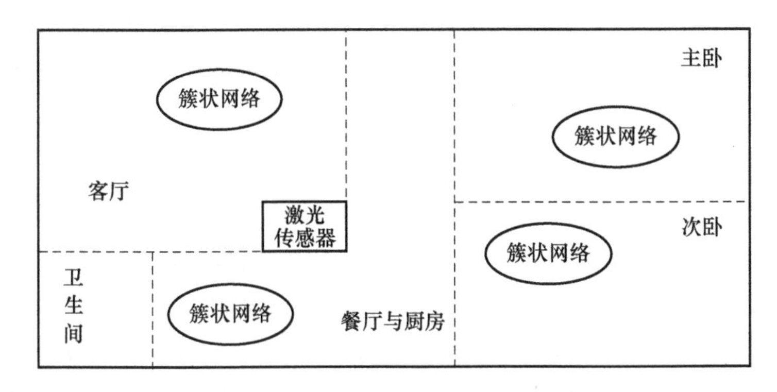

图 8.2　系统激光传感器节点安置图

基于物联网的激光传感器智能家居控制系统在智能家居物联网体系的基础上，用互联网和激光传感器构建了无线传感器网络，将激光传感器放在家居环境的近似中心点，节点安置于激光传感器的四个边缘，每个边缘有三个节点，边缘交接处共用一个节点，共八个节点，各节点之间的距离由激光传感器网络自组织形成，节点通过簇状架构向外发散网络数据。在智能家居数目大的居住环境中，每个边缘的节点安置数量应视实际情况而定，应基本保证所有智能家居都能处于无线互联网的覆盖范围之中。

图 8.3 指出了系统的控制流程，系统初始化后开始搜寻互联网，激光传感器通过节点对智能家居环境数据和使用者行为数据进行采集、调制和转发，并传输给应用层的居家环境监控系统。智能家居环境数据指居家温湿度和智能家居运作状态，使用者行为数据包括使用者的人数、方位和生命体征。激光传感

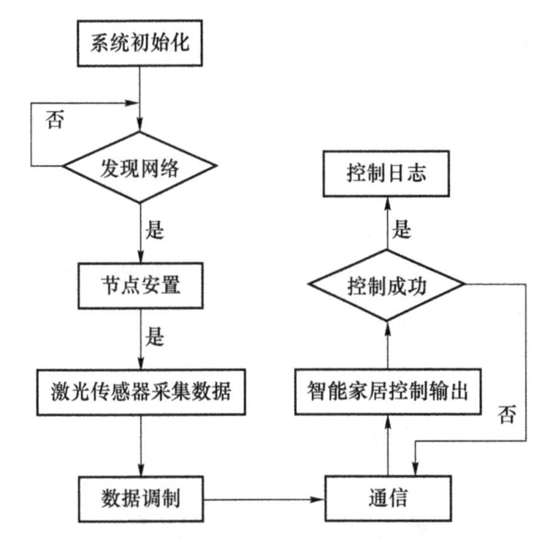

图 8.3　系统的控制流程图

器是一种对称设备，拥有激光发射元件和激光接收元件，两种元件对称安装。使用者移动时将阻挡激光信号，因此激光传感器能够准确测量到使用者的行为数据。控制命令由物联网的应用层给出，直接输出到智能家居的控制设备中实施，若控制成功，则输出控制日志。

② 基于物联网的激光传感器通信研究

在基于物联网的激光传感器智能家居控制系统中，智能家居的数据采集以及系统对智能家居的控制都离不开通信，激光传感器和物联网应用层的工作频段都在 2.45 GHz 左右，频段过于集中导致智能家居通信性能下降。系统采用有线和无线两种通信方式，无线通信最易受到频段干扰，故通过跳频通信改善无线通信性能。跳频通信赋予无线通信收发双方与原控制编码频率变化状况相同的虚拟控制编码，从而隔离 2.45 GHz 频段，通信成功后再解码出原始数据。

设一个完整的虚拟控制编码为 $s_1(t)$，通信数据用 $m(t)$ 表示。原控制编码频率的初始相位为 φ_n，初始频率为 ω_0，频率变化参数用 $\Delta\omega$ 表示，则 $s_1(t)$ 可表示为

$$s_1(t) = m(t)\cos[(\Delta\omega + \omega_0) + \varphi_n] \tag{8.1}$$

通信接收方接收的数据 $s_i(t)$ 还包括传输通道中的噪声 $n(t)$、位置数据 $s_j(t)$ 和频段干扰 $J(t)$，可表示为

$$s_i(t) = s_1(t) + n(t) + J(t) + \sum_{j=2}^{k} s_j(t) \tag{8.2}$$

其中，i、j 分别代表接收方数据和位置数据的编码序号。

解码原始数据时，通信接收方的轴心频率用 ω_r 表示，解码结果 $s_p(t)$ 表示为

$$s_p(t) = s_i(t)\cos[(\Delta\omega + \omega_r)t + \varphi_n] \tag{8.3}$$

假设通信成功，通信收发双方的频率变化状况相同，可将式(8.1)与式(8.3)结合在一起讨论通信中的有效数据，将式(8.1)代入式(8.3)，提取有效的解码结果数据分量，有

$$s_{1p}(t) = 0.5m(t)\cos(\omega_1 t + \varphi_n) \tag{8.4}$$

其中，$\omega_1 = \omega_r - \omega_0$，表示中频信号。

基于物联网的激光传感器智能家居控制系统的极限通信速率用 C 表示，排除噪声影响，C 的实际取值为

$$C = B\log_2\left(1 + \frac{S}{N}\right) \tag{8.5}$$

其中，B 表示通信带宽，S 表示平均通信功率，N 表示通信噪声功率。

8.1.3 基于物联网的激光传感器智能家居控制系统的应用

在基于物联网的激光传感器智能家居控制系统的控制下，智能家居除拥有

原有的手动操作控制功能外，还额外拥有以下功能。

① 远程无线遥感功能。使用者只需在手机上安装一个虚拟遥控器，便能在外出的时候通过无线网络操作智能家居，例如，冬季可在下班前开启空调，让使用者到家时便感受到暖意。

② 居住环境监控功能。通过监控智能家居所处环境，可分析是否存在火灾、水灾、触电、盗窃等隐患。

③ 通话管控功能。隐患发生时，使用者可控制智能家居进行报警。

④ 智能家居授权管理功能。可设定智能家居的使用权限和权限使用时间，类似于“家长控制”功能。

⑤ 无线定时管理功能。可随时随地设定智能家居的开始、关闭和休眠时间，实现节能、便捷生活。

8.2　基于无线传感器网络的精准农业环境监测系统

精准农业的基本含义是根据作物生长的环境状况，调节对作物的投入，以最少的或最节省的投入达到同等收入或更高的收入，并改善环境。准确实时的信息供给是精准农业的必须前提。精准农业的实现在于认识农田内作物生长环境和生长情况的差异，而这必须依赖于各种先进的传感器，如大气温度、大气湿度、风速、太阳辐射、作物生长情况、作物产量等各种类型的传感器。如何及时准确地收集这些传感器采集的信息，为农业专家提供制订农田变量作业处方的主要数据源和参数，一直是一个难题。近年来，出现了许多采用无线公共网络和无线网络等无线通信方式进行农、林、牧业远程监测的研究。这些无线通信技术的优势是传输速度快、信息量大、可远距离传输，但都存在功耗高、时延长、通信费用高等问题，这使其很难广泛地应用到农业环境监测中。

精准农业与无线传感器网络

无线传感器网络是由大量传感器节点通过无线通信技术自组织构成的网络，传感器节点具有数据采集处理、无线通信和自动组网的能力，可协作完成大型或复杂的监测任务。无线传感器网络有监测精度高、功耗低、成本低、实时性好、容量高、覆盖区域大等显著优点，非常适合于农业环境监控系统的实现。本节将介绍一种基于无线传感器网络的农业环境监测系统，该系统可以对目标监测区内的温度、湿度、光照度、CO_2 浓度等农业环境信息进行快速、可靠的远程采集和传输。

8.2.1　系统总体设计

① 系统体系结构

基于无线传感器网络的农业环境监测系统由无线传感器节点、无线网关和监测中心服务器三部分组成。ZigBee 明确定义了星形、簇状和网状 3 种拓扑结构。为减小能量损耗和数据包丢失，本书讲解的农业环境监测系流采用的是簇状网络拓扑结构和层次路由协议。具体做法是将监测目标区域中的所有传感器节点分为若干个簇，每个簇相当于是一块较为固定的自组织网络。簇的范围由网络覆盖面积的实际情况决定。根据传感器节点在网络中扮演角色的不同，又将它们分为底层普通节点、簇首以及网络协调器 3 种类型。底层普通节点将采集到的数据跳传至本簇的簇首，簇首主要完成数据融合和数据包转寄，可以将其所辖簇的底层普通节点采集的数据融合处理并发送给就近的网络协调器，同时还可以将网络协调器发送给其数据包并向其所辖的簇广播。簇首应位于所划分簇的较为中心的位置，使得每个节点和它的传输距离大致相同，各个节点的功耗分布较为均匀，从而避免某些节点由于传输距离较远而造成能量的过多消耗。网络协调器主要负责建网以及设备注册和访问控制等基本的网络管理功能。农业环境监测系统的体系结构如图 8.4 所示。

ZigBee 概述

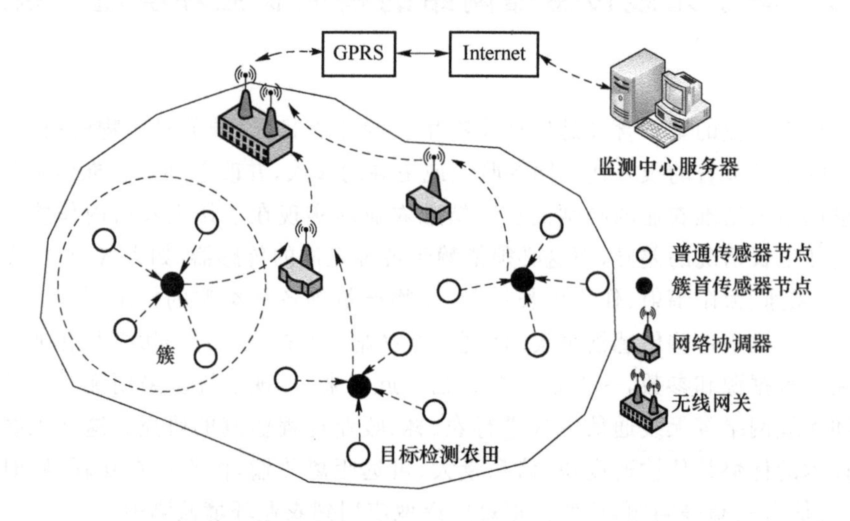

图 8.4　农业环境监测系统的体系结构

② 系统工作过程

系统工作时首先由监测中心服务器发出对农田环境各项指标进行查询的请求命令，这些请求命令通过 Internet 和 GPRS 网络传到网关节点。然后网关节点根据请求命令的具体要求，选择对应的网络协调器，接着网络协调器根据命令选择所要查询的簇，当簇首节点收到控制命令以后，唤醒并激活本簇内的所有节点，进行数据采集和通信。节点及时采集数据，数据经过数模转换后发送给本簇的簇首节点，簇首节点对传来的数据进行融合，然后将融合后的数据发回到网关节点，数据继而通过外部网络传给监测中心服务器。监测中心服务器对数据进行处理、分析，并存入环境信息数据库，为以后的分析决策提供数据资源。

8.2.2　硬件系统设计

① 传感器节点的硬件设计

传感器节点是组成无线传感器网络的基本单位，是构成无线传感器网络的基础平台。本书中的传感器节点由传感器模块、主处理模块、无线通信模块和电源四部分组成。传感器模块负责采集温度、湿度、光照度等参数和数据的模数转换；主处理器模块负责控制整个传感器节点的操作，存储和处理它自身采集来的数据以及从其他节点发送来的二进制信息；无线通信模块负责与其他的节点进行通信以及交换控制信息和收发数据。电源部分主要给传感器模块、处理模块、无线通信模块供电。传感器节点的硬件结构如图 8.5 所示。

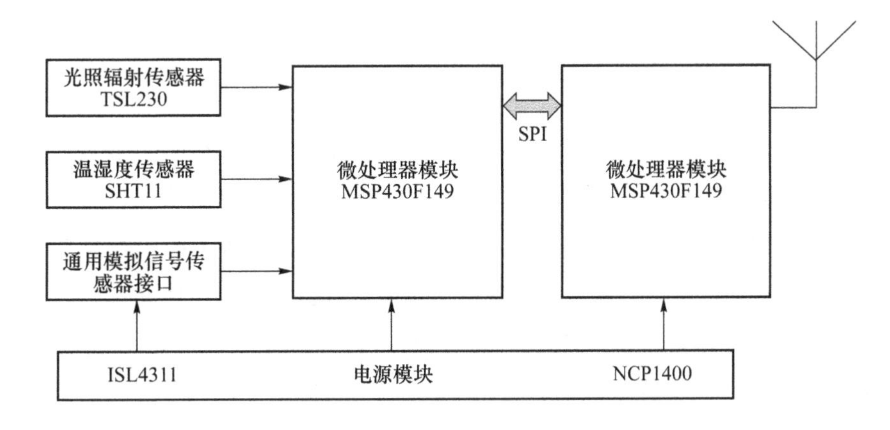

图 8.5　传感器节点的硬件结构

② 无线网关的硬件设计

在该系统中无线网关是无线传感器网络与监测中心服务器的中转站，负责发送命令、接收下层节点的请求与数据，承担着无线传感器网络中各节点与监测中心的数据交换任务。网关的硬件体系结构如图 8.6 所示，主要包括主处理器、扩展存储器单元、射频收发模块和 GPRS 通信模块，另外还包括以太网接口以及扩展接口等。

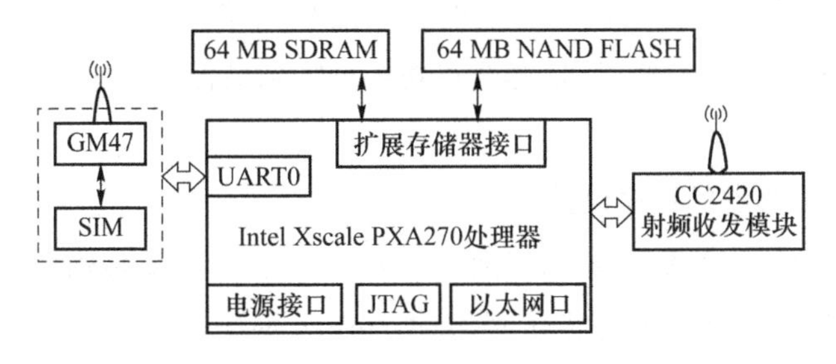

图 8.6　网关的硬件体系结构

考虑到网关控制功能多、数据流量大，需要处理能力强的微处理器，本节讲述的系统设计采用 Intel 公司推出的基于 Intel Xscale 内核技术的新一代嵌入式微处理器芯片 PXA270 处理器。该处理器兼容 ARM 体系结构 V5TE，最高运行频率为 624 MHz。通过 PXA270 处理器的存储器总线接口外扩了 64 MB 的 NANDFLASH 以及 64 MB 的 SDRAM 存储芯片。射频收发模块还是采用 CC2420，通过它可与传感器网络节点实现双向通信，接收传感器节点发送过来的数据信息，向节点发送控制命令等。GPRS 模块采用了 Sony-Ericsson 公司的通信模块 GM47。GM47 内嵌了 TCP/IP 协议栈，带有 GSM/GPRS 全套语音和数据功能。GPRS 模块作为网关与互联网相连接的接口，负责将数据发到互联网上以及接受互联网的控制信息等。

8.2.3 系统软件设计

系统的软件设计工作主要包括 ZigBee 协议栈的实现和传感器节点的程序设计，在 ZigBee 簇状网络中，协调器和传感器节点在网络中的功能、地位不同，因而普通传感器节点与网络协调器节点的软件设计又有所不同。在本节讲述的系统设计中，使用 C 语言编写实现了 ZigBee 协议栈，同时使用处理器自带的程序存储器来存储可配置的 MAC 地址、网络表和绑定表。根据 ZigBee 规范的定义将协议栈在逻辑分为多个层，实现每个层的代码位于一个独立的源文件中，而服务和应用程序接口(API)则在头文件中进行定义。

① 传感器节点的程序设计

传感器节点主要负责采集传感器数据并将这些数据传送给网络协调器，同时接收来自网络协调器的数据并根据这些数据进行相关操作。传感器节点上电后首先对 MCU 初始化，然后加载 SPI 驱动来初始化无线通信模块 CC2420，初始化成功后扫描所有可用信道来寻找临近的网络协调器，并申请加入此网络。由于传感器节点采用电池供电方式，必须要保证终端节点的低功耗，因此在本节讲述的系统中采用被动唤醒的方式连接网络协调器接收或发送数据。其他时间则转入低功耗模式，这样节点功耗可降到最低。传感器节点的软件流程图如图 8.7 所示。

② 网络协调器的程序设计

作为网络中的协调器，要承担网络的创建与管理、数据传输两个重要功能。网络创建与管理功能主要是指负责组建 ZigBee 网络，分配网络地址及维护绑定表。网络协调器通过扫描一个空信道来创建一个新网络，维护一个目前连接设备的列表，且支持独立扫描程序，以确保以前的连接设备能够重新加入网络。

数据传输功能主要是指充当传感器节点的数据传送给无线网关，或将监测中心服务器的监测指令发送给传感器节点。网络协调器的软件流程图如图 8.8 所示。

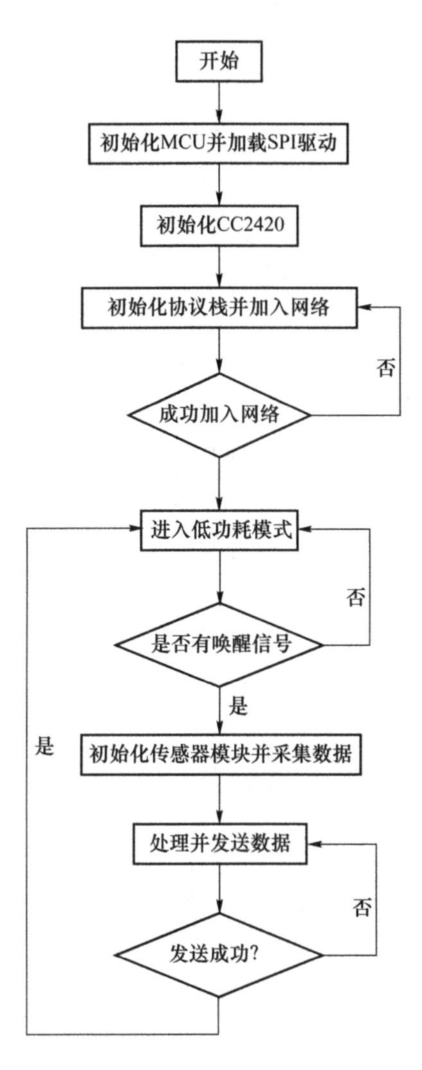

图 8.7　传感器节点的软件流程图

无线传感器网络在环境监测、生态监控等领域的应用日益广泛，尤其是在艰苦或恶劣环境条件下，具有传统监测技术不可比拟的优势。本节讲述的系统设计将基于 ZigBee 的无线传感器网络技术应用于精准农业环境测控，利用无线传感器网络对作物现场信息进行采集，设计了簇状的无线传感器监测网络组网方案，完成了传感器节点的硬件设计和软件设计。这种无线测控的方式相对于传统农业来说，其优点在于网络组建简单，一次性构建成本低，扩展性强，灵活性大，能有效地改善现有的农业生产管理模式，并极大地提高农业生产效率。

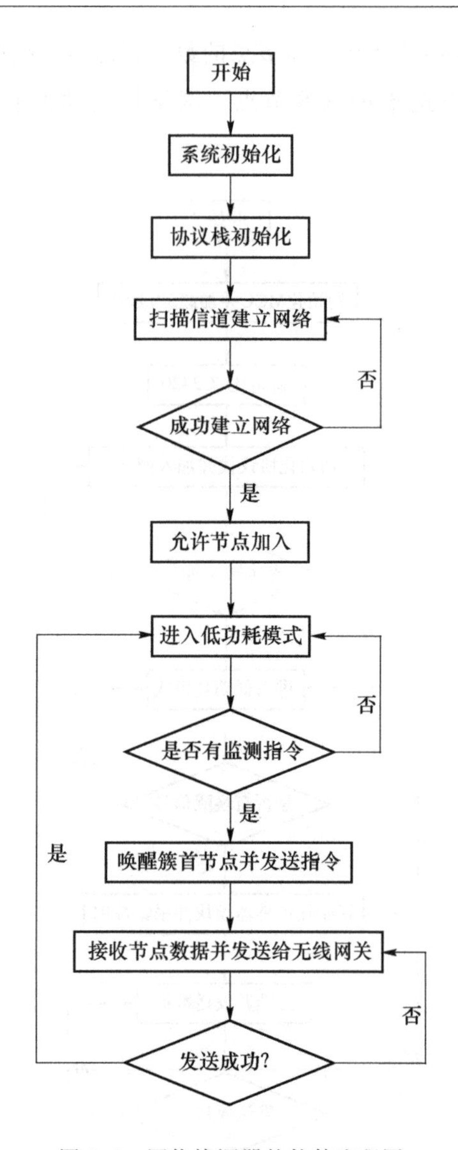

图 8.8　网络协调器的软件流程图

习　　题

8.1　传感器在物联网中的作用是什么?

8.2　介绍几种物联网系统中常用的传感器。

8.3　简要介绍一下 ZigBee 的概念和特点。

参考文献

[1] 王淑华. MEMS传感器现状及应用[J]. 微纳电子技术,2011,48(8):516-522.

[2] Kovacs G T A. Micromachined Transducers Sourcebook[M]. [S. l.]: The McGraw-Hill Companies,1998.

[3] Maluf N, Williams K. An Introduction to Microelectromechanical Systems Engineering [M]. [S. l]: Artech House,2004.

[4] Jha C M, Bahl G, Melamud R, et a1. High resolution microresonator-based digitaltemperature sensor[J]. Applied Physics Letters,2007,91(7):074101.

[5] 姚素瑜. MEMS湿度传感器的研究[D]. 南京:东南大学,2007.

[6] Pi-Guey Su, Chao-Jen Ho, Yi-Lu Sun, et al. A micromaehined resistive-type humidity sensor with a composite matedal as sensitive film [J]. Sensors and Actuators B (Chemical),2006,113(2):837-842.

[7] Boltshquser T, Sxhonholzcr M, Brand O, et al. Resonant humidity sensors using industrial CMOS-teehnology combined with postproeessing [J]. Journal of Micromechanics and Microengineering,1999,2(3):205.